KB024311

자존감은 지켜 주고 서로에게 상처 주지 않는

사춘기 내 딸 사용 설명서

자존감은 지켜 주고 서로에게 상처 주지 않는

사춘기 내 딸 사용 설명서

1판 1쇄 2019년 7월 15일
1판 2쇄 2021년 4월 10일

지은이 홍주미

펴낸이 모계영
펴낸곳 가치창조
출판등록 제406-2012-000041호
주소 서울시 종로구 사직로 8길 34, 1104호(내수동, 경희궁의아침 3단지 오피스텔)
전화 070-7733-3227   **팩스** 02-303-2375
이메일 shwimbook@hanmail.net
ISBN 978-89-6301-175-2 (13590)

가치창조 공식 블로그 http://blog.naver.com/gachi2012

자존감은 지켜 주고 서로에게 상처 주지 않는

사춘기 내 딸
사용 설명서

홍주미 지음

가치창조

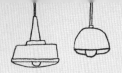

| 차례 |

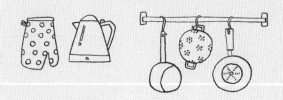

제4장 딸, 엉뚱한 꿈은 어때?

제5장 사춘기는 원래 나태한 시기니까 괜찮아

엄마 나 방학하는 날
초록색으로 염색할래

"엄마, 나 머리 노랗게 하고 피아노 학원에 가니까 예나하고 서은이는 언니 머리 예쁘다.'라고, 선생님들은 그냥 '염색했니?' 하고 말하더라고."

"하하하. 그랬어? 예나하고 서은이는 워낙 멋쟁이들이니까 수빈이 머리가 부러웠을 거야. 네 머리 보고 피아노 학원 원장님이 놀라실까 봐 엄마가 원장님께 미리 말씀드렸어. 노랗게 탈색했다고."

"내 머리를 본 어린 초등학생들 반응이 '도대체 머리에 무슨 짓했어?' 그런 거였어."

"하하하. 그런 반응이 나올 만하지. 귀 밑으로 30cm를 노랗게 탈색했으니 말이야. 앞으로 초록색으로 염색할 거라고 말하지 그랬어?"

"그랬지."

방학을 한 달 앞둔 어느 날 딸이 말했다.

"엄마. 나 28일 날 방학해. 그날 염색하고 다음 날 서울코믹월드* 갈래."

"서울코믹월드 가는구나! 염색은 무슨 색으로 할 거야?"

"초록색."

"초… 로… 옥… 새… 액?" 딸의 말이 농담은 아닌 듯했다. 순간 '초록색 머리를 한 만화 속 캐릭터가 누가 있지?' 하며 머리를 바쁘게 굴렸다. 초록 얼굴이 커다란 〈슈렉〉만 떠오를 뿐이었다. 나는 잠시 숨을 고르고 말했다.

"검은 머리에 초록색 염색 잘 안 될 거야. 탈색을 한 번 하고 해야 할걸?"

"엄마, 한 번 해서는 안 되지 않을까? 몇 번 해야 할 것 같아."

"그렇겠지. 탈색을 여러 번 하면 머릿결이 상할 텐데."

"상해도 괜찮아. 엄마, 개학할 때 지금 히메컷*에서 귀 옆 머리를 기준으로 자를거야. 단발로."

"개학할 때 단발로 자른다고? 하긴, 방학 때 아니면 언제 염색해 보겠어."

12월 28일. 드디어 방학하는 날 딸이 집으로 돌아오기를 기다렸다. 성적표를 받아 온다는 사실을 까맣게 잊고 머리 탈색 할 시간만을 기다렸다. 현관 문 비밀번호를 누르는 소리가 들리자 자동반사적으로 화장실

---

* 코믹월드 : 동아리 판매전을 중심으로 일러스트 콘테스트, 우수회지 콘테스트, 코스프레 무대 행사 등 다채로운 이벤트를 진행하는 행사이다. 코믹월드 행사를 통해 자신의 창작품을 소개하고 교류함으로써 만화를 스스로 창작할 수 있는 분위기를 조성하고 나아가 만화를 사랑하는 사람들 간의 커뮤니케이션을 공유하는 장을 만들 수 있다.

* 히메컷 : 앞머리를 일자로 자르고 앞머리로 연결되는 옆머리를 턱의 길이까지 자른 머리 모양이다.

7

로 달려갔다. 탈색약을 꺼냈다.

"여름 옷 안 입는다고 정리해 놓은 거 있지? 그거 입고하자. 어차피 버릴 거니까. 머리 빗고 화장실로 와."

딸의 머리카락을 고드름처럼 듬성듬성 길게 나누었다. 왼손 바닥에 머리카락을 올려놓은 뒤 빗에 탈색 약을 묻히고 왼손으로 주물주물 했다. 탈색을 두 번이나 했지만 머리 전체가 골고루 노란색이 되지는 않았다.

이제 염색 할 차례다. 30분이 지났지만 잘 들지 않았다. 고드름 처럼 길게 네 등분으로 나누고 호일로 감쌌다. 드라이기에 뜨거운 바람을 호일 위에 가했다. 이렇게 탈색 두 번과 염색 두 번을 마쳤다. 딸의 머리카락은 노란색에서 파란색까지 다양했다. 그 모습을 보자니 미용실에 있는 염색약을 바른 염색 샘플 같았다.

귀신도 무서워 한다는 중2 딸을 키우고 있다. 감정의 뇌가 급격하게 성장해서 이성의 뇌와 불균형을 이루는 시기다. 그로 인해 딸은 요즘 '질풍노도'를 겪고 있다. 나는 어릴 적 가정불화로 마음껏 사춘기 티를 내지 못했다. 그래서일까? 딸의 사춘기를 이해하는 엄마가 되고 싶었다. 어떤 기준 안에서 딸이 사춘기를 보내면 좋을까 고민한 뒤 이런 결론을 내렸다.

'남에게 피해가 가거나 생명에 지장을 주거나 도덕적으로 문제가 되지 않는다면 딸이 원하는 대로 하게 해 주자.'

남편도 이 점에 동의해 주었다. 어느 책에서 '우리나라 교육은 청소년의 성장 발달을 전혀 고려하지 않은 교육'이라는 글을 읽고는 더욱 딸편이 되고 싶었다.

이해한다고 하지만 항상 이해심 넓은 엄마 모드는 아니다. 어떤 날은 아침에 일어나 "딸, 잘 잤어?"라고 하면 딸은 휴대폰을 내밀며 "엄마, 이거 봐 봐." 하며 기분 좋게 하루를 시작한다. 하지만 어떤 날은 "몰라.", "짜증 나." 하며 물컵을 식탁에 '쾅' 소리가 나도록 놓는다. 뒤이어 물컵을 놓을때 보다 더 큰 소리로 '쾅쾅' 문소리를 내며 자기 방으로 들어간다. 이럴 때 나는 '사춘기니까 그렇겠지' 하고 내 마음을 달래면서도 '내가 엄마고 어른인데 나한테 너무 예의 없는 거 아니야?' 하며 화가 치밀어 오르기도 한다.

우리의 이야기를 책으로 쓰고 싶다고 하니 딸은 자신의 이야기가 책으로 만들어지는 것에 대해서 거부감이 든다고 했다. "수빈이하고 한울이의 대화를 바탕으로 쓰긴 할 건데 100% 너희 이야기를 담는 건 아니야. 때에 따라 각색을 하기도 할 거고. 실명이 실리는 것이 싫다면 가명으로 하면 어떻겠니?"라고 물으니 괜찮다고 한다.

글감을 얻기 위해 맛있는 저녁을 먹으며 아들과 딸의 이야기에 집중했다. 게리 채프먼이 쓴 《다섯 가지 사랑의 언어》에 따르면 딸의 사랑의 언어는 함께하는 시간이다. 함께하면서 딸의 이야기를 들어주면 딸은 그것으로 사랑을 느끼는 것이다. 글감도 얻고 딸의 사랑의 탱크를 가득 채우는 일타 쌍피, 고상하게 말하자면 일석이조一石二鳥의 시간이었다.

이 책에 박장대소하며 얼굴이 빨개지고 숨이 안 쉬어지도록 웃었던 추억을 담았다. 무서운 중2 딸과 슬슬 사춘기를 시작하는 초등학교 5학년 아들과 친해진 소중한 시간에 감사한다.

1장
만사가 다 귀찮아

우리 반 애들이 이상해

우울증은 사춘기하고 완전 달라

과학 시간에 머릿속이 꽃밭이야

남자애들은 지저분하고 씻지도 않아

걷는 것도 귀찮아서 굴러다녔어

우의를 가리는 건 초콜릿에 대한 예의가 아니야

자도 자도 만날 졸려

1

우리 반 애들이 이상해

"엄마, 우리 반 애들 이상해."

"어떻게 이상한데?"

"쉬는 시간이면 어떤 애가 교탁 밑으로 들어가. 그 좁은 공간에 벌러덩 누워서 손발을 모으고 이래."

딸은 마치 바퀴벌레를 뒤집어 놓은 듯 손과 발을 위아래 그리고 옆으로 꼼지락거렸다.

"진짜 바퀴벌레 같다. 하하하. 친구들 왜 그런데?"

친구 흉내를 내는 딸의 모습에 내 가슴속에 있는 우울함이 다 날아가도록 호탕하게 웃었다.

"몰라. 자기가 벌레래. 진짜 바퀴벌레 뒤집어 놓은 것 같아. 어떤 애들은 쉬는 시간에 복도에서 먼지하고 뒹굴고 있어. ”

“엥? 복도에서?”

“응. 무릎 담요를 쫙 깔고 거기에 애들 몇 명이 누워 있어.”

“왜? 장난치는 거야?”

“몰라. 나 그런 거 중학교 가서 처음 봤어.”

“초등학교 때는 그런 애들 없었어?”

“응. 없었어. 그 친구들은 진짜 이상해. 어떤 애들은 교실에서도 그래. 무릎 담요를 쭉 깔고 낙엽처럼 일자로 누워서 그냥 자. 수업 종 치고 선생님이 들어와서 ‘야! 애들 빨리 깨워’라고 해도 절대 안 일어나.”

“푸하하.”

나는 웃긴 했지만 머릿속으로 어떤 상황인지 잘 그려지지 않았다. ‘정말 그런 애들이 있을까?’ 하며 의아해 했다. 하지만 이야기를 하는 딸의 모습은 사뭇 진지했다.

“걔들 왜 그러지?”

“몰라. 장래 희망이 먼지인가 보지!”

“장래 희망이 먼지라고? 하하하. 장래 희망이 먼지래. 눈물 난다. 먼지래. 아유, 재미있다.”

며칠 뒤 내가 물었다.

“수빈아, 요즘 지현이 어떻게 지내?”

“걔 체육 시간에 옷 갈아입을 때 자기 팬티 색이 분홍이라고 말하면서

14

보여 줬어.”

“진짜? 팬티를 보여 줬다고?”

“응. 거기다가 엉덩이 부분에 있는 곰돌이 무늬도 보여 줬어.”

“하하하. 상상된다. 엄마는 상상력이 뛰어나거든. 지현이 정말 재미있다. 오늘도 보여 줬어?”

“아니. 하도 자기 팬티가 무슨 색이다, 오늘은 하트 무늬다 해서 요즘은 말 안 해도 애들이 그냥 봐.”

“말 안 해도 그… 냥 봐? 하하하. 그냥 본데, 애들이.”

“체육복 갈아입으면서 애들 시선이 지현이 팬티로 향해.”

이야기를 듣던 나는 손뼉을 쳤다. 역시 오늘도 나의 기대를 져 버리지 않는 지현이다. 얼굴 한 번 본 적이 없지만 딸을 통해 들은 이야기로 인해 나는 마치 지현이 팬클럽이라도 된듯 했다. 지현이 얼굴을 보러 가야 하는데 공개 수업이 언제지? 하며 그 시간을 기다린다.

“점심시간에 급식실에서 다른 반 애들이 입에 손을 모으고 지현이한테 ‘지현이 오빠! 지현이 오빠!’ 하더라고.”

“오빠라고?”

“응. 여잔데 잘생겼다고 다른 반 애들이 좋아해. 지현이는 숏컷^{짧은 머리} 한 선배한테 ‘박채연 선배님, 멋지십니다.’ 하면서 연락처 달라고 졸졸 따라다녀.”

“그래? 여학교인데 숏컷 한 애가 있구나!”

“응. 우리 학교에 농구부가 있는데 농구부 선배들 중에 숏컷을 한 잘생긴 언니들이 꽤 있어. 그래서 인기 많아."

"엄마 학교 다닐 때도 그랬어. 여학교에서는 남자 같이 잘생긴 애들이 인기가 좋지. 책상에다 몰래 편지나 선물을 가져다 놓기도 했고."

"엄마 학교 다닐 때도 그랬구나! 우리는 다른 반에 들어가면 벌점이라서 그건 안 되는데…."

"요즘은 다른 반에 들어가면 벌점이구나!"

"응. 오늘 역사 시간에 선생님이 들어오시니까. 애들이 '선생님 전지현 닮으셨습니다.'라고 했어."

"오! 선생님 기분 좋았겠다."

"응. 수학 선생님한테는 '강동원 닮으셨습니다. 멋지십니다.' 그랬어. 수학 선생님이 좋아하셨지. 그런데 진도는 다 나갔어."

"수학 선생님이 그 말 듣고 좋아해서 진도를 안 나가길 바랐어? 하하하. 그걸 노리고 말한 거야? 수업 시간마다 그러니?"

"아니. 애들이 생각하기에 잘 생겼거나 예쁜 선생님한테만 그러지."

"그래. 그렇겠다."

딸과 대화하며 나도 모르게 내 여중 시절을 떠올리며 활짝 핀 해바라기 같은 얼굴을 하고 대답했다.

"엄마. 오늘은 어떤 애들이 담을 넘어서 학교에 왔어."

"담을 넘어? 교복 입고?"

"지각해서. 치마 위에 체육복을 입고 치마를 가방에 넣은 다음에 가방을 먼저 담 너머로 던져. 담을 넘은 뒤에 치마로 갈아입고 치타 처럼 뛰

16

는 거지."

"어머! 하하하!"

"난 이해가 잘 안 돼. 어차피 늦은 걸 담은 왜 넘어? 그냥 교문으로 들어오지."

"듣고 보니 그러네."

딸의 입을 통해 듣는 중학교 이야기는 마치 개봉을 앞둔 영화처럼 예측이 불가능하고 흥미진진했다. '몸은 이미 성인처럼 큰데 왜 그럴까?' 하고 생각하던 중 책에서 답을 찾았다.

청소년들이 감정적이고 충동적으로 행동하는 이유는 아이들의 뇌가 어른의 뇌와 다르기 때문입니다. 충동 억제와 이성적인 판단을 주관하는 전두엽이 미완성 상태이기 때문에 이성적인 판단력이 부족하고 안정감이 없는 혼란 상태가 나타나는 것입니다.

특히 중학생의 뇌는 발달 초기에 있기 때문에 어느 때보다 변화의 폭이 크고 불안정합니다. 아동기까지 유지해 왔던 안정적인 뇌 구조가 깨지고 시스템을 정비하면서 새로운 혼란을 겪는 시기이기도 합니다. 실제로 중학생은 초등학생보다 감정 기복이 심하며 충동적이고 주변 정리를 못합니다. 이런 아이를 보며 부모는 '초등학교 때까지는 차분하던 아이가 중학생이 되면서 변했다.'며 걱정합니다. 중학교 1, 2학년들은 스스로도 감당이 되지 않을 정도로 감정적이고 충동적인 행동을 많이 합니다. 그러다가 3학년쯤 되면 합리적이고 이성적인 면모를 보이기 시작합니다. 전두엽이 발달하면서 이성적이고 합리적인 판단력, 추론력, 이해력도 발달하기 때문입니다.

이런 청소년기의 특징은 본인과 주변 사람들을 힘들게 할 때도 있습니다. 하지만 모든 것이 한층 발달하는 사고력을 갖추기 위한 준비 과정이며 성장의 기회라는 것을 이해하고 서로 격려하면 성장기를 무사히 통과할 수 있을 것입니다.

- 박미자, 《중학생 기적을 부르는 나이》

이 글을 읽으니 안심되었다. 감정적이고 충동적인 파도가 중학교 3학년이 되면 잔잔해지기 시작한다니 다행이다. 딸 친구들은 중학생이어서 이상한 것이 아니고 그런 시기이기 때문에 그런 듯하다.

2

우울증은 사춘기하고 완전 달라

"딸, 얼마 전 뉴스에서 봤는데 어떤 여중생이 투신자살했데. 엄마가 참 마음이 아팠어. 우리나라가 OECD 국가 중에서 청소년 자살률 1위라네. 그 소중한 생명을 끊을 만큼 아이들 마음이 아프다니 눈물이 났어."

"그 뉴스 봤어. 우리나라 청소년은 대학 입시 때문에 행복하지가 않아."

딸이 한손으로는 스마트폰을 들고 다른 손으로는 여드름을 뜯으며 대답했다.

"대학 입시… 그렇지. 자살 원인 중 가장 심각한 것이 우울증이었어. 청소년 시기에 몸도 성숙하고 감정의 뇌가 급격하게 발달하기 때문에 아이들은 불안함을 많이 느끼지. 게다가 공부 잘하길 바라는 부모의 압박과 친구를 경쟁자로 보는 입시 제도까지 겹치니… 아이들도 어렵고 부모도 어렵다. 딸은 언제 우울해?"

"시험 성적이 낮게 나올 때."

"아, 그렇구나! 역시 성적과 관련이 있네."

"더 정확하게 말하자면 공부했는데 성적이 그 모양일 때."

"엄마는 공부하라는 말을 안 하는데 딸도 성적 때문에 스트레스를 받는구나! 그런 우울한 마음이 들 땐 어떻게 풀어?"

"맛있는 거 먹으면 풀려."

"하하하. 해결 방법이 단순하고 명쾌해서 좋다. 그럼 우울감과 우울증은 어떻게 다른지 아니?"

"우울증은 신체적 증상이 나타나. 너무 많이 먹거나 아예 안 먹어. 하루에 한두 시간만 자거나 반대로 하루에 14시간씩 잠을 자기도 해."

"맞아! 엄마도 그런 적 있어."

"생리를 안 하기도 하는 등 신체적인 변화가 함께 나타나. 우울증이 오래 되면 무기력해져. 아무것도 하기가 싫고. 우울증은 호르몬의 변화거든."

"맞아. 어느 책에서 봤는데 불안이 오래 지속되면 우울증이 되고, 우울증이 오래 지속되면 무기력이 올 수 있다고 하더라. 딸은 어떻게 그렇게 잘 알아?"

"헤헤. SNS를 돌아다니면서 알게 되었지. 우울감은 신체적 이상이 동반되지 않고 짧게는 일주일 길게는 두 달 안에 끝나지. 반면 우울증은 질병이라서 약물 치료를 해야 해. 사람들이 잘못 알고 있는데 우울증은 마음먹어서 치료되는 병이 아니야."

"맞아. 어떤 책에서 읽었는데 우울감은 몸에 상처가 난 것이고, 우울증은 상처가 곪아서 터진 거래. 부정적인 감정을 어떤 환경과 이유로 인해서 억압, 회피, 억제하면 우울증이 된다고 해. 딸이 말한 것처럼 시험 성적이 안 나와서 우울할 때 그 감정을 회피한다는 건 어떻게 하는 걸까?"

"'아닐 거야. 몰라. 안 해.' 그런 거겠지?"

"그래. 그럴 거야. 억압은 우울한 감정을 아닌 척하는 거겠지? 말도 못하고."

"눌러. 눌러."

딸은 '눌러.'라고 하면서 손바닥을 위에서 아래로 버튼 누르는 시늉을 했다.

"그래, 감정을 눌러. 시험 못 봤다고 말로 하는 사람은 차라리 괜찮지."

"높은 텐션으로 말하는 친구들이 있어. 하이 텐션^{high-tension}으로 '야! 나 시험 못 봤어.'라고 말하지."

딸은 뒤로 갈수록 말에 힘을 주면서 말했다.

"하이 텐션이 뭐니?"

"텐션은 긴장이라는 뜻인데, 하이 텐션, 높은 텐션은 애들이 말할 때 원래의 속마음보다 과장해서 말한다는 의미지. '시험 망했다. 설빙이나 가자!' 하지만 솔직한 자신의 감정은 숨기고 포장해서 말하는 거야. 너무 힘들고 슬픈데 이 사실을 아이들에게 말하면 친구들이 무슨 말을 할지 몰라서 하이 텐션으로 말하는 거지."

"솔직하게 말하면 친구한테 받아들여지지 않을 것 같으니까 안전하게 하이 텐션으로 포장한다는 거구나! 그렇게 말하는 애들 중에 정말 쿨cool한 애들도 있고 아닌 애들도 있겠다."

"응. 정말 쿨한 애들도 있어. 5점, 6점 맞은 애들한테 '어떻게 그렇게 맞았어?'라고 물었더니 오엠알OMR 카드에 스마일 모양으로 마킹했데."

"그게 뭐지?"

"스마일 모양으로 오엠알 카드에 마킹했다고"

딸의 대답을 듣고 머릿속으로 오엠알 카드와 스마일 모양을 합성시켰다. 합성 시킨 후 잠시 정적이 흐른 뒤에 딸아이가 하는 말이 무슨 뜻인지 이해하였다.

"스마일 모양으로? 하하하. 어떻게 그런 기발한 생각을 했을까!"

나는 절로 박수를 쳤다.

"어떤 애는 답안지 뒤 주관식 란에 '선생님 사랑해요.'라고 크게 썼대."

"하하하. 정말 재미있네, 그 친구. 그런 애들은 우울증에 안 걸리겠다. 참는 애들이 우울증에 걸리지. 어디서 봤는데 사람이 말로 할 수 있는 것은 자신이 이길 힘이 있는 거래."

"우울증이라고 말하면 사람들은 이렇게 말해. 바쁘게 살아 봐. 우울증에 걸리나. 질병인데 기록에 남는다고 약물 치료도 받지 말래. 참 나! '당신 바쁘게 안 살아서 암에 걸렸어요. 기록에 남으니까 병원에 가지 말고 약도 먹지 마세요.' 하는 거랑 뭐가 달라!"

"듣고 보니 그러네. 우리나라 사람들은 몸의 병은 심각하게 받아들이는데 마음의 병에 대해서는 보이지 않기 때문에 심각하게 받아들이질 않아.

그에 대한 이해도도 낮고. 잘 모르고 무시한다는 표현이 맞으려나? 무지하다는 표현이 맞으려나? 보이지 않기에 곪기 쉬운 마음. 과학이 발달해서 마음을 눈으로 볼 수 있었으면 좋겠다. 딸은 화나면 어떻게 풀어?"

"종이를 막 찢어. 찢은 다음에 태워 버리면 더 좋은데. 태울 장소가 마땅치 않아. 영화에서 보는 것처럼 버스 같은 거 활활 태우면서 크게 웃고 싶은데 할 수가 없어. 물건을 때려 부수면 속이 시원해."

"태우고 부수는 게 스트레스 풀기에는 좋은데 집에서는 할 수가 없잖아."

"그래서 크레이지 룸crazies room에 가. 거기에 가면 다 부숴 버릴 수 있거든. 그런데 돈 내고 들어가야 해."

"그런 곳이 있어? 엄마도 가 보고 싶다."

"같이 가 볼까? 엄마? 나 화날 때 풍선 터뜨리기도 하는데."

딸이 눈을 반짝이며 말했다.

"풍선 터뜨리는 거 엄마도 좋아해. 터뜨릴 때 쾌감이 있어. 엄마는 풍선에다가 그 사람한테 화나는 거 다 적어서 뻥 터뜨린다. 그런데 송곳으로 풍선 터뜨릴 때는 눈을 꼭 감아. 무섭거든."

"하하하."

무섭다는 말을 하며 딸과 함께 목젖이 다 보이도록 웃었다.

"재미있다. 그치? 슬플 때는 어떻게 해?"

"슬플 때는 펑펑 울면 되지. 슬픔은 원인도 쉽게 알 수 있고 해결도 간단해."

"슬픔은 원인도 쉽게 알 수 있고 해결도 간단하구나! 그럼 우울할 때는?"

"만약에 친구가 나 우울증이야 하면 맛있는 거 사 줘."

"친구도 너한테 맛있는 거 사 주면 해결되는 거야?"

"아니. 해결은 안 되지. 무슨 말을 해도 도움이 안 되니까 그냥 고기나 사 달라는 거야. 단순히 우울감이라면 고기 먹고 나아질 수 있겠지만 우울증은 질병이야. 병원에 가서 치료받고 약 먹어야 좋아지지."

"딸이 우울증에 대해서 잘 알고 있어서 엄마가 참 놀랍네. 부모들이 자녀가 우울증인데 사춘기인 줄 잘못 알고 치료를 안 해 주는 경우가 많다고 해. 청소년기에 우울증 치료를 안 해서 생각이 부정적으로 완전히 바뀌어 버리는 아이들도 있다고 하더라."

"맞아. 사춘기는 감정의 변화가 심한 때잖아. 짜증 잘 내고 씻는 거 싫어하고 그런 게 사춘기지. 우울증은 사춘기하고 완전 달라."

"딸하고 대화하다 보니까 엄마 친구가 생각났어. 아이가 막 돌이 지났을 때 그 친구 시어머님이 위암 진단을 받았어. 시누이가 두 명 있었지만 한 명은 사는 게 어려웠고 한 명은 직장 생활로 바빴지. 간병할 사람이 없어서 친구 혼자 간병했거든. 그러다가 자신도 유방암에 걸린 거야. 남편 원망, 시누들 원망하며 지내다 보니 성격이 부정적으로 바뀌어 버렸어."

"정말? 힘들었겠다. 어른들도 그런 일로 성격이 바뀌는구나. 나 같으면 도망갔을 것 같아."

"그러게 말이야. 생각하면 엄마도 한숨이 나와. 아이도 어른도 우울증 치료를 하지 않아서 성격이 완전히 변한다고 하니 참 안타깝네. 가슴이 답답해."

<사춘기 중학생 4명 중 1명은 우울증>

청소년은 누구나 사춘기를 겪는다. 청소년 대부분은 사춘기를 큰 문제없이 넘기지만, 100명 중 5~10명은 심각한 사춘기를 겪는다.

심각한 사춘기는 ① 가출·자해 시도 등 심한 이상 행동을 보일 때 ② 부모에게 심하게 대들어 가정이 와해될 정도로 서로 사이가 나쁠 때 ③ 감정 기복이 심해 친구와 관계를 맺지 못할 때 의심해 볼 수 있다. 자신은 특별하고 우월하다고 생각해 어른들에게 반항하기도 하는데, 이러한 행동들은 사춘기에 잘 나타나 '중2병'이란 신조어도 있다. 그러나 전문가들에 따르면 심각한 사춘기 증상은 단순히 '중2병'이 아니라, 우울증일 수 있다. 서울대병원 소아청소년정신건강의학과 김붕년 교수는 "반항적인 태도·공격성 같은 심각한 사춘기 증상은 청소년 우울증 증상과 일치한다."며 "보통 여아는 12살, 남아는 14살부터 사춘기가 오는데, 이때는 우울증 발생률이 갑자기 증가하는 시기이기도 하다."라고 말했다. 서울대병원에서 서울 거주 중학생 457명을 대상으로 분석한 결과, 4명 중 1명은 우울 증상을 경험한 것으로 나타났다. 일반적으로 성인 우울증 유병률이 6.6%인 것과 비교하면, 크게 높은 수치이다. 청소년 우울증은 '우울하다'고 호소하는 성인과 달리 짜증·공격성 증가, 반항 같은 행동으로 증상이 나타나 우울증이 아니라고 생각하기 쉽다. 고려제일정신과의원 김진세 원장은 "조용한 아이가 갑자기 부모에게 심한 말을 하거나 공부를 잘하는 아이가 갑자기 성적이 떨어지는 등의 행동으로도 우울증이 나타난다."고 말했다.

- 조선일보, 2017. 8. 9. 〈짜증 · 반항…'중2'병이라 무시하면 우울증 키울 수도〉

3

과학 시간에 머릿속이 꽃밭이야

"아, 내일 월요일. 학교 가기 싫다. 중학교에 오니 매일 수행평가야. 수행 끝나면 시험이고."

"딸 학교 가기 싫구나? 엄마도 그랬는데. 수행평가가 자주 있니?"

"중학교에 적응할 만하니까 수행의 연속이야. 지난주에 국어 수행평가했고 오늘은 과학 수행이야."

"어머 그래? 수행 평가는 어떻게 해?"

"1학년 때는 국어 글 쓰는 거 했어. 주장하는 글쓰기. 비디오 언어라는 걸 배웠는데 뮤직 비디오에서 전하는 메시지가 있잖아. 그런 걸 스토리 보드로 만드는 거야. 예를 들면 BGM^Back Ground Music 은 무엇일까? 하는 주제로 자막 넣고 사진 넣고 스토리 보드를 만드는 거지."

"주제는?"

"주제는 마음대로."

"그럼 자기가 좋아하는 연예인 해 온 애들도 있겠네?"

"있는데. 거의 안 해. 선생님이 은근슬쩍 주제를 던져 주거든. 내가 겪은 흥미 있었던 일이나 다큐멘터리 같은 걸로 하라고."

"그렇구나! 오늘 과학은 뭐하니? 딸, 과학 좋아하지?"

"아니, 별로 안 좋아해. 과학 모둠별로 하브루타다 뭐다 해서 조별로 과제 발표하면 선생님이 도장 판에 도장을 찍어 줘. 그리고 선생님이 내준 유인물 다 챙겨서 가져가야 해."

"요즘 과학 뭐 배우니?"

"물리."

"물리? 중학교에서 물리를 배우나?"

"응. 계산하는 거 배워. $W=F \times S$. 여기서 W는 일률이고."

"일율? 일률? 그게 뭐니?"

"일률. 일은 줄이야. 영어로 J. 예를 들어서 내가 3뉴턴만큼 힘을 주어서 $10m$를 이동했어. 그럼 3곱하기 10해서 30줄이 되는 거지."

"그럼 계산하는 거네. 어렵겠다."

"과학인데 이게 완전 수학이야. 머리 아프고 짜증도 나고. 초등학교 때 과학 좋아했는데 중학교에 오니까 무슨 말인지 하나도 모르겠어. 수업 시간에 머릿속이 꽃밭이야."

"머릿속이 꽃밭? 하하하. 정말 어려운가 보네."

머릿속이 꽃밭이라는 표현에 나는 웃음이 났다.

"초등학생 때 생물을 좋아했는데 중학생이 되니 생물이 생물이 아니야. DNA 미토콘드리아가 있고 그냥 미토콘드리아가 있데. 미토콘드리아는 모계 유전이래. 나, 동생, 엄마는 모계 유전이라서 같은데 아빠는 몰라. DNA 미토콘드리아랑 미토콘드리아랑 다른데 뭐가 다른지 아직 안 배웠어. 미토콘드리아가 DNA 세포 속에 '뿅' 하고 있데. 범죄 현장에서 모근을 채취해서 DNA 분석하잖아. 그때 모근에 흰 부분이 붙어 있으면 분석이 가능하고 아니면 피를 뽑거나 구강 상피 세포를 통해서 범죄자를 찾는다지 뭐야."

"엄마는 미토콘드리아 이야기는 한 개도 못 알아듣겠다. 엄마 머릿속이 지금 꽃밭이야. 머리카락으로 DNA 분석하는 건 영화에 자주 나오니까 알겠는데 나머지는…. 나도 중학교 때 그런 거 배웠나? 기억이 안 나네. 한 가지 분명한 건 우리 딸 공부하느라 머리 좀 아프겠다. 영어는 어때?"

"영어는 발표하면 도장을 줘."

"영어로 발표하면?"

"교과서를 보면 A는 질문이고 B는 답안을 작성하시오. 그런 거 있잖아요. 그거 발표."

"아. 뭔지 알겠다."

"요즘은 What are you interested in?(넌 무엇에 흥미 있니?)를 배워."

"딸은 무엇에 흥미 있어?"

"맛있는 거. 헤헤."

"하하하. 솔직해서 좋네. 또 다른 과목은 뭐가 있지? 미술은?"

"미술은 수행만 해. 중간고사를 따로 안 봐. 연필로 그리고, 콜라주도 하고, 포스터물감으로도 그리고 그래."

"미술 하니까 생각나는데 이거 뭐지?"

나는 손바닥 두 개를 맞대고 있다가 양옆으로 여는 흉내를 냈다.

"판화?"

"아니. 판화 말고 밑그림을 그린 뒤에 물감을 그 위에 여러 가지로 짠 다음에 접어서 펴면 그림으로 완성되는 거."

"아하, 데칼코마니."

"그래. 데칼코마니. 엄마 그거 중학교 때 반에서 제일 잘했다고 선생님 한테 칭찬받았어."

그때를 생각하니 내 얼굴에 웃음꽃이 활짝 피었다.

"엄마가 중학교 때 컬러 배합을 비슷한 걸로 했나 봐. 잘 했다고 칭찬 들었는데 지금도 왜 칭찬받았는지 정확히는 잘 모르겠어."

"정말? 왜 칭찬받았는지 몰라? 엄마 재미있다."

"재미있지? 옛날 생각하니 좋네. 체육은 뭐하니?"

"체육은 뛰거나 걷거나 공 차거나 공 잡거나 윗몸 일으키기나 구르기. 그게 다야."

"하하하. 그래. 우리 딸, 어쩜 설명을 그렇게 술술 재미있게 하니? 주말 에 친구들하고 소고 연습하는 것도 체육이니?"

"그건 무용이야."

"무용이라는 과목이 있니?"

나는 눈이 휘둥그레지며 물었다.

"응. 따로 있어. 지난번에는 두아 리파^{Dua Lipa. 영국 가수}의 노래 'Talkin'
in my sleep at night Makin' myself crazy'에 맞춰서 율동했어."

"아, 수빈이가 좋아하는 두아 리파 노래네!"

"그 노래는 리파 언니 목소리가 너무 예뻐서 좋아하는데 소고는 재미
없어. 내가 움직이는 걸 싫어하니까."

"우리 딸 움직이는 거 싫어하는데 무용 수행하느라 수고가 많네."

"엄마, 우리 반 애들은 부엌에서 쓰는 칼을 설거지 못해. 기술 가정 수
업 때 수박화채를 했거든. 수박을 4분의 1 덩어리 받아서 칼로 다 잘랐
어. 거기에 쿨피스, 캔 복숭아, 연유 넣고 화채 했거든. 다하고 정리하는
데 애들이 칼을 못 닦더라고. 그래서 내가 했어."

"집에서 안 해 봤으면 못하지. 하하하. 네 친구들 정말 귀엽다."

"뭐랄까? 내가 언니 같아. 친구들하고 서울 가면 길 안내도 내가 하고,
지하철 타고 가다가 자는 애도 내가 깨워!"

"우리 딸 과목마다 수행 보느라 힘든데, 친구들 서울 길 안내까지 하고
수고가 많네."

"응. 수행. 수행. 수행. 중간고사. 중간고사 끝나고 또 수행. 수행. 기말
고사 그리고 방학이야."

"맙소사. 그럼 일 년 내내 시험이라는 거잖아."

"응. 과목마다 수행 한 번하고 중간고사 보고 수행 두 번 하고 기말고

사 보는 느낌이랄까? 그래서 내가 자퇴하고 싶다는 거야."

"자퇴하면 뭐 하고 싶은데?"

"글 쓰고 싶지. 소설."

"소설 대상은?"

"음… 청소년부터 성인까지?"

"시대적 배경은?"

"꼭 시대적 배경을 정해야 해? 난 쓰고 싶은 게 있는 것이 아니라 그냥 쓰고 싶다는 거야."

"하하. 그렇지. 미안. 학교에서 오로지 글 쓰는 것만 배우고 싶어?"

"솔직히 수학만 없으면 돼."

"과학도 좋아?"

"과학 싫어."

"체육은?"

"체육은 미세 먼지 많은 날 밖에 나가지만 않으면 괜찮아. 그리고 남녀 공학 말고 여학교가 좋아."

딸과 마주 앉아서 아이스크림을 먹으며 이런저런 이야기를 나누었다. 딸은 중학교 2년을 다니는 동안 학교 가기 싫다는 말을 여러 번 했다. 오늘 수행에 대해서 자세히 대화를 나누고 보니 왜 학교 가기 싫다고 했는지 조금은 이해가 되었다. 성적 처리가 어떻게 되는지도 오늘에서야 알았다. 수행의 연속, 시험과 경쟁 속에서 학교생활을 하고 있는 딸이 가여웠다.

4

남자애들은 지저분하고 씻지도 않아

"엄마 있잖아. 과학, 영어 시간에는 번호대로 앉는데 내 옆자리에 앉는 애는 선생님이 문제 풀라고 하면 멍하니 앉아 있어. 그러다가 답안지 낼 때쯤 되면 나한테 보여 달라고 해."

"엥?"

딸의 말에 긴장감이 몰려왔다. '혹시 그 애 일진인가? 우리 딸이 학교 폭력 피해자인가?' 걱정이 되어 물었다.

"걔 일진이니?"

"일진은 아니야. 우리 학교에 일진 같은 건 없어. 지난번에는 내가 감기 때문에 코가 막혀서 숨을 크게 쉬니까 나보고 조용히 하라고 하더라고."

"감기 걸려서 숨을 크게 쉬는데 조용히 하라고 했다고? 우리 딸 화나겠다. 그래서 넌 어떻게 했어?"

"쩨려보고 말았지. 며칠 전에는 4반 애들이 자기들끼리 웃고 떠드는데 갑자기 걔가 애들 보고 웃지 말라고 화냈데. 자기가 4반에 가 놓고 4반 애들한테 떠들지 말래. 참나."

"걔 이상하네. 혹시 4반에 친한 친구 있어?"

"없어."

"그럼 학교에 믿는 선배라도 있니?"

"없어."

"없는데 그런 행동을 해? 네가 쓴 것을 베껴 쓴다니 엄마도 화난다. 엄마가 학교에 전화할까?"

"아니. 귀찮아. 전화하면 위 클래스^{Wee class, 단위 학교 내에 있으며 '학교안전망구}
^{축사업(Weeproject)'의 1차 안전망}다 뭐다 해서 골치 아파."

"너에게 그런 행동을 한다는 것은 너를 우습게 여긴다는 거잖아? 가만 있으면 안 되지."

"뭐라고 말하기도 귀찮아. 그냥 보여 주고 말지."

나는 걱정이 되어서 다음 말을 잇지 못했다. 침묵을 깨고 딸이 말했다.

"아이. 짜증 나. 오늘 선생님이 점심을 우리 반 애들이랑 먹으라고 해서 싫어하는 애 옆에서 먹었어. 체하는 줄 알았어."

"어머. 그랬어? 같은 반 친구들하고 안 먹는구나! 그럼 평상시에 누구랑 먹어?"

"우리 아파트에 사는 은수하고 또 다른 반 애들하고 먹지. 내가 급식실에 들어가면 은수가 오라고 손짓해."

"그럼 은수하고 둘이 먹니?"

"아니. 다영이하고 은채하고 또 몇 명 있어. 친한 애들."

"다른 반 친한 아이들이랑 같이 먹는구나! 선생님이 왜 갑자기 같은 반끼리 먹으라고 했어?"

"몰라. 친하게 지내야 한다나 어쩐다나. 왜 갑자기 그러신데? 짜증나게."

"예고도 없이 갑자기 그러면 짜증나지. 밥이 입으로 들어가는지 코로 들어가는지 몰랐겠다. 그치?"

여중생이 되고 얼마간의 시간이 흐른 뒤 딸과 마주 앉아 이야기를 나눈 적이 있다.

"딸. 여중 다녀 보니까 남녀 공학이 좋은 것 같아? 여중이 좋은 것 같아?"

"여중이 좋아."

"2지망 학교가 되어서 엄마가 무척 속상했어. 학교하고 집 거리가 극과 극이잖아. 집에서 가까운 남녀 공학으로 2지망을 쓸 걸 그랬나 후회스럽더라고. 당연히 1지망이 될 거라 생각했는데 뜻하지 않게 2지망이 되어서…. 남자아이들을 싫어하는 걸 알면서도 학교가 너무 멀어서 후회가 되더라."

"남자아이들 싫어."

"어떤 점이 싫은데?"

"유치해. 지저분하고 씻지도 않아."

"구체적으로 말하면?"

"하나도 재미없는 이야기를 자기들끼리 하고 낄낄 웃는 애. 야한 농담을 대 놓고 하는 애도 있어."

"야한 농담을?"

"응. 쟤 몸매가 어떻다느니. 따먹고 싶다느니. 그 여자애 앞에서 그런 말을 한다니까. 진짜 싫어."

"엥? 그런 말을 한다고?"

"응. 미친 거지. 감방 가고 싶은가?"

"어유. 너무 했다. 그건 성희롱이잖아. 그 애 앞에서 들리게 말하는 건 범죄야."

"남자들 사이에서는 그런 대화 소재가 필요한가 봐. 이해가 안 가. 남자아이들은 대 놓고 그런다니까! 지들끼리 여자아이들 품평을 해요. 등급을 매겨. 쟤는 얼굴도 예쁘고 공부도 잘하니까 A, 쟤는 얼굴은 예쁜데 성격이 이상하니까 B, 이렇게. 아니 뭐 우리가 한우야? 등급을 매기게?"

"푸하하하, 심각한 이야기인데 웃음이 나네, 미안."

"내가 외모 가지고 품평회 한다고 뭐라고 하려고 했는데 그런 말하는 애들이 다 못생겼어. 토롤Troll* 같아. 못생겨서 말할 가치도 없어. 거기다가 지저분해. 씻지도 않아. 머리가 만날 떡져 있어."

* 토롤(Troll) : 북유럽 신화와 스칸디나비아, 스코틀랜드 전설 속에 등장하는 상상 속 괴물.

"머리가 엉겨 붙어 있는 게 상상된다. 그런데 딸도 그런 시절이 있었거든. 같이 밥을 먹으면 머리에서 기름이 밥그릇에 떨어질 것 같아서 무서웠던 시절이 있었어."

"하하하. 예전에는 그랬지 지금은 아니야. 나는 나이 먹고 잘 씻어."

"나이 먹고? 하하. 지금 이야기하는 건 초등학교 때 봤던 남자 애들의 모습을 말하는 거지?"

"응. 초등학교 고학년 때 지금은 걔들도 잘 씻겠지? 그냥 싫어. 보기 싫어. 그냥 보면 화나."

"강한 부정은 긍정인데."

"정말 화나는데."

"너희 반에 잘생긴 남자애가 없었나 보다."

"엄마. 대한민국에 잘생기고 이성까지 좋은 유니콘 같은 남자 찾아보기 힘들어."

"잘생기고 이성까지 좋은 유니콘 같은 남자라고? 하하하. 아빠 있잖아."

"엄마는 만날 좋은 건 다 아빠래. 토할 것 같아."

사춘기 아이와 대화하다 보면 아이가 흥분하고 격한 단어를 사용할 때가 있다. 아이가 나에게 직접적으로 도움을 달라는 것인지, 이야기를 들어만 달라는 것인지 고개를 꺄우뚱하게 된다. 옆에 앉는 아이가 자신의 답안지를 보여 달라고 했다는 말을 할 때 그랬다. "엄마가 전화할까?"

라고 하니 귀찮다는 표정으로 대답하는 딸을 보면서 '그냥 이야기를 들어 달라는 거구나!' 하는 느낌을 받았다. 딸은 요즘 그렇다. 귀찮으니까 안 먹고, 귀찮으니까 그렇다고 대답하고, 귀찮으니까 대충하고. 가끔은 문제를 해결해 주려는 용솟음치는 나의 마음을 내려놓느라 애를 쓴다. 대신 딸과 '공감'하려고 노력한다. 엄마에게 자신의 이야기를 솔직하게 털어놓는 것을 보니 성공인가 보다.

사춘기는 2차 성징으로 몸이 어른으로 바뀌는 시기인데, 왜 짜증과 고민이 늘고 머릿속도 뒤죽박죽된 느낌일까? 그건 말이야. 몸은 어른이 되어 가지만 아직 마음이 그 속도를 따라가지 못하고 있기 때문이야. 어른인 몸과, 아이인 몸 사이의 갭이 우리를 불안하게 만들거든. 이제 난 어른이 되는데 '그럴싸한 사람이 되지 못하면 어쩌지?' 하는 마음. 한편으로는 얼른 어른이 되어 독립하고 싶은데 부모님은 아직도 나를 애 취급해서 화도 나는 마음.

이제 어른으로 살 준비를 해야 하니 막막하고 긴장도 돼. 마음이 수도 없이 바뀌고 불안해져. 그러니 당연히 우울하지. 만사가 귀찮아지고, 한숨만 나오는 것은 그런 우울감 때문일지도 몰라. 마음은 우울한데 겉으로는 아닌 척 가면을 쓰기 때문에 그 시기의 우리는 모두 '가면을 쓴 우울감'을 느끼거든.

괜찮아. 선생님은 오히려 다행이라고 생각해. 이렇게 고민도 하고, 짜증도 내야 나중에 더 큰 혼란을 겪지 않게 되거든. 사춘기 시절에 많이 흔들리며 고민해야 자기 개념을 완성하고, 삶의 이유도 느끼게 돼. 그러면 나중에 그만큼 덜 헤맬 수 있거든. 만일 지금 고민하지 않는다면 20대, 30대에 가서 '나는 왜 살까' 하며 고민에 빠지게 될 거야. 나이가 들어서 고민하면 얼마나 더 힘들겠어.

지금의 고민은, 지금의 그 우울감은 바로 내가 누구인지를 확인하는 과정이야. 내 성격은 어떻지? 무엇에 관심이 있지? 어떤 자세와 신념으로 삶을 살아갈래? 그렇게 고민하면서 나라는 존재에 대해 끊임없이 확인해야 해. 나에 대한 사용설명서를 만드는 것이라고나 할까? 심리학자 에릭슨은 청소년기 때 나라는 존재를 명확하게 이해하고 가치관을 세우는 자아정체감을 이루어야 한다고 주장했어.

- 김현정, 《아닌 척! 괜찮은 척! 열다섯의 속마음》 중에서

불평과 불만 가득한 열다섯 살 우리 딸. '세상을 너무 비판적인 시선으로 보는 건 아닌가? 저렇게 한국과 한국 남자를 싫어하다가 피부색 다른 남자를 데려와서 결혼하겠다고 하면 어쩌지? 하며 나 혼자 스토리를 만들고 있다. 《아닌 척! 괜찮은 척! 열다섯의 속마음》을 읽으며 나를 달랜다. '친구들과 불만 가득 버스에 타고 있는 우리 딸, 지금 딸은 자아 정체성을 확립해 가는 중이다. 괜찮다.'

5

걷는 것도 귀찮아서 굴러다녔어

긴 머리를 감고 수건을 두른 뒤 그대로 누워서 스마트폰을 만지작거리고 있는 딸 옆에 누웠다. 이불은 며칠째 방바닥에 그대로다.

"오늘은 수빈이가 좋아하는 주제로 이야기를 나눠 보자. 바로바로 귀찮음. 어떨 때 귀찮니?"

"그냥 사는 게 귀찮아."

"사는 게 귀찮다고?"

"응. 절망적이지?"

"예상치 못한 핵폭탄급 대답이라 당황스럽다. 사는 게 귀찮으면 하늘나라에 가야 하는데?"

"하늘나라 가는 것도 귀찮을 것 같아."

"으하하."

호탕하게 웃고 나니 오 년 동안 묵은 감정이 한꺼번에 날아가는 기분이다.

"그럼 올림을 당하는 건 언제?"

"하늘로 올림을 당할 때 하늘을 쳐다보고 있는 것도 귀찮을 것 같아."

"와! 정말 우리 딸 유머 감각 뛰어나다. 그 말속에 너의 진심이 담겨 있는 것 같아서 더 재미있다. 엄마가 궁금한 게 있는데 한동안 머리에서 기름이 한 병 나올 정도로 안 씻더니 어느 순간부터 갑자기 잘 씻던데 왜 그런 거야?"

"그냥 더러워서."

"그럼. 예전에는 더럽다는 느낌이 없었니?"

"그랬나 봐."

"그랬나 봐? 그 말은 자기 자신도 모르겠다는 건데?"

"응."

"그래. 자신도 모를 수 있지. 이해된다. 엄마가 네가 진짜 사춘기가 왔다고 느낀 적이 언제인지 아니?"

"언젠데?"

"뭐 먹으라고 했는데 귀찮다고 안 먹을 때. 먹는 거 그렇게 좋아하는 아이가 안 먹겠다고 하는 걸 보고 진짜 사춘기가 왔구나 생각했지. 방에서 주방까지 2m도 안 되는데 일어나기 귀찮아서 먹는 걸 포기하다니."

"맞아. 그때는 진짜 사춘기였어. 일어나서 식탁으로 가는 거 자체가 귀

40

찮았으니까."

"요즘은 먹는 거 안 귀찮아?"

"귀찮을 리가 있나. 배고파 죽을 것 같아."

"히야. 그게 다 때가 있구나! 라면 끓여 먹는 것도 귀찮아서 안 먹더니 그때가 사춘기의 절정이었나 봐 그치?"

"그건 요즘도 귀찮아. 음… 뭐랄까 집에 와서 교복을 벗는 순간부터 모든 게 귀찮아."

"아. 그럼 힘들다는 거네."

"교복에 뭘 뿌렸나 봐. 교복을 벗으면 귀찮음이 올라와."

"교복이 탄력성이 없어서 불편한데 그런 옷을 종일 입고 있다가 벗으니까 긴장이 풀리면서 노곤해 지나 보다."

"교복 불편한 거 이야기하면 밤 샐걸."

"오. 괜찮아. 이야기해 줘"

"밤 샌다니까."

"괜찮아. 듣고 싶어."

"실용성이 하나도 없어. 점심 먹고 나면 허리가 꽉 조여. 아무리 허리를 조절할 수 있게 해 놓았다고 해도 밥 먹으면 숨 쉬기가 힘들어. 그거 뭐지? 옆에 고리처럼 끼우는 거. 그거 풀기 귀찮아서 조이는 데도 그냥 입고 있어."

"뭐? 하하하. 고리 빼기 귀찮아서 그냥 숨쉬기 힘든 채로 지낸다고? 맙소사. 교복 치마허리를 탄력성 있는 밴드로 해 주지. 너무했다."

"그치. 거기다가 비효율적이야. 한겨울에 스타킹 하나 신고 치마를 입으라고 하는 게 말이 돼?"

"그러게 말이야. 그래서 엄마가 교복 바지 사 줬는데?"

"학교에서 교복 바지 입으려면 선생님한테 미리 이야기하래. 이야기하러 가기 귀찮아. 이것저것 따져 물으면 대답하기도 귀찮고."

"교복 바지 입겠다고 이야기하기 귀찮아서 치마 입는다는 거야? 맙소사. 먹기 귀찮은 거, 씻기 귀찮은 거, 교복 바지 이야기까지 어쩜 이렇게도 재미있니? 교복을 벗으면 만사가 다 귀찮아진다는 이야기도 했고 다음에는 방 안 치우는 거 이야기 해 보자."

"그건 스케일scale이 커서 싫어. 귀찮아."

"스케일이 크다고?"

"응. 이거하면 저거 해야 되고 저거하면 그것도 해야 되고 귀찮아."

"하하하. 그 말은 책상 치우면 책상 위에 쓰레기 버려야 하고. 방 청소하려면 이불도 개야 하고 책장 정리도 해야 해서 귀찮다는 거지? 근데 있잖아. 방 안 치우는 정도가 심각한 것 같아."

"괜찮아. 나 돼지우리에서 살 거야."

"돼지도 아니면서 방을 돼지우리로 만들고."

"돼지는 똑똑한 동물이야. 개는 자기 방 잘 치워."

"맞아. 어디선가 봤는데 돼지한테 방을 여러 개 주면 용도를 구분해서 쓴대. 수빈이는 방이 한 개밖에 없잖아. 그래서 방을 지저분하게 쓰는 거니?"

"아니. 방이 여러 개 있어도 귀찮아서 더럽게 쓸 것 같아. 침대 아래에 수납장 달려 있잖아. 거기에 쓰레기 잔뜩 넣어 놓고 거기서만 지낼 것 같아."

"하하하. 우리 딸 솔직해서 좋다. 방을 여러 개 주면 구분해서 쓸 것 같다고 하니까 아니라고 하네."

"나에게 방을 여러 개 주면 모두 더럽게 쓸 것 같아."

딸의 말에 눈물까지 흘리면서 물개 박수를 쳤다.

"쓰임에 따라서 더러워짐이 다르긴 한데 자는 데는 먹을 것들로 더러워질 거야. 화장실은 안 치워서 물 때 찌든 때 엄청나겠지. 빨래 너는 곳은? 빨래를 안 걷어서 산더미처럼 쌓일 것 같아."

"정말?"

줄줄 이어지는 수빈이의 이야기에 눈물이 질금거렸다.

"걷는 게 귀찮아서 굴러다닐 수도 있겠다. 더 웃긴 거는 걷는 것보다 굴러다니는 게 더 힘이 든다는 거야. 엄마, 구르다 보면 웃겨서 막 웃잖아."

"그래? 어떻게 그렇게 잘 알지? 좀 굴러 봤나 본데?"

"응."

"어디서?"

"내 방에서 거실로 나갈 때."

"왜?"

"걷기 귀찮아서."

"하하하."

나는 웃느라 산소 호흡기가 필요할 정도였다.

"상체를 움직이는 건 괜찮은데 하체를 움직이는 건 너무 귀찮아서 굴렀어."

"아니. 그럼 구를 때는 하체를 안 쓰나?"

"안 움직이잖아. 다리를 움직이는 게 귀찮은 거야."

"그럼 궁금한 게 있는데. 구를 때 머리를 다리 쪽으로 해서 동그랗게 말고 구른 건 아니지?"

이야기를 하면서 직접 동작을 취하다가 웃음이 터져 나와 나는 곧 숨이 넘어갈 것만 같았다.

"아니지. 옆으로 굴렀지. 동그랗게 구르면 상체를 앞으로 구부려야 한단 말이야, 귀찮아."

"그렇겠다. 하하하. 귀찮겠다. 그래서 굴러 봤더니 어때?"

나는 눈물을 닦으면서 딸에게 물었다.

"그냥 웃기기 만하고 1m도 못 갔어."

"아하. 정말 웃긴다. 너무 웃긴 거 아니니? 딸?"

"forever young… 음… 흠흠….'

딸은 노래를 흥얼거리며 대답이 없었다.

"잠자는 건 안 귀찮아?"

"정신 줄 놓고 자서 괜찮아."

"자는 것은 정신 줄 놓고 자서 안 귀찮다. 아. 눈물 난다. 정말 웃긴다. 귀찮은데 서울코믹월드는 어떻게 가니?"

"서코^{서울코믹월드}나 부코^{부산코믹월드}는 가는 동안 때릴 애가 있어서 괜찮아. 친구 거 빼앗아 먹고 때리고 갈구지."

"네가?"

"응. 그 재미로, 안 귀찮아. 그런데 친구한테 맞기도 해. 기브 앤 테이크야^{give and take}."

"서로 갈구고 때리면서 간다는 말이네. 공부는 귀찮아서 못 하겠다."

"공부는 원래 안 해."

"하하하. 원래 안 해?"

"응. 누가 해?"

오늘 이야기를 나누며 몇 번이나 박장대소했다.

"혹시 딸, 운동 유전자 실종된거 아닐까? 어디서 본적있는데 찾아 보자."

TV만 보거나, 움직이는 것을 싫어하는 현대인들은 운동 유전자가 퇴화됐을 수 있다는 연구 결과가 나왔다. 캐나다 온타리오 해밀턴 맥마스터 대학 연구팀은 최근 전미과학아카데미 학회지에 귀차니스트(행동을 귀찮아하는 사람)들은 운동 유전자가 퇴화됐을 수 있다고 밝혔다.

쥐 실험에서 AMPK 효소를 관여하는 유전자를 제거한 쥐는 건강한 대조군에 비해 빨리, 오래 달릴 수 없었다. 즉 게으르다고 생각되는 사람들은 운동 유전자에 문제가 생겼을 수도 있다는 것.

AMPK 효소는 운동을 통해 활성화되면서 근육이 포도당을 사용할 수 있도록 돕는다. 이 효소가 없는 쥐는 세포의 에너지 생산에 관여하는 미토콘드리아 수치도 낮

앉으며 포도당을 활용하는 근육 능력도 약했다.

운동능력이 떨어진 이들은 당뇨나 심장 질환 등 합병증이 올 수도 있다.

의대 부교수 그레고리 스테인버그는 "쥐는 달리는 것을 무척 좋아한다."며 "보통 쥐들은 여러 마일을 달릴 수 있지만, 근육에 이 유전자가 없는 쥐들은 내려왔다가 돌아가는 같은 거리만 달릴 수 있었다."고 말했다. 그는 "이 쥐는 형제나 자매 쥐와 똑같이 생겼지만, 우리는 금방 어느 쥐가 유전자가 있고 없는지를 알 수 있다."고 덧붙였다.

스테인버그 교수는 "운동을 하면 근육 속 미토콘드리아가 늘어나고 운동을 하지 않으면 미토콘드리아의 수가 줄어든다"며 "이 유전자를 제거함으로 우리는 AMPK 효소가 미토콘드리아를 조절한다는 것을 알아냈다"고 설명했다.

이어 그는 "기술 발전으로 운동할 기회를 박탈당하면서 사람들의 운동 능력이 퇴화하고 근육의 미토콘드리아가 감소하고 있다."며 "이는 사람들이 운동을 시작하기 훨씬 어렵게 만든다"고 말했다.

- 노컷뉴스, 2011. 9. 7. 〈귀차니즘, 이유 있다… 운동 유전자 실종〉

6

우의를 가리는 건 초콜릿에 대한
예의가 아니야

중학교 2학년 수빈이와 초등학교 5학년 한울이와 함께 식탁에 앉았다. 요즘 아이들은 끼니 때마다 "고기!"를 외치고 있다. 어제 저녁에는 된장찌개를 끓였다. 아이들에게 건더기를 먹일 생각으로 무와 호박을 얇게 채 썰어 넣었다. 덕분에 국물만 먹겠다던 아이들이 채소를 먹었다. 비록 몇 개지만 말이다. 밥을 먹고 난 뒤 둘 다 "그래도 배고파!"라고 했다.

"뭐 먹고 싶니?"라고 하니 "라면."이라고 했다. 나는 라면을 싫어하는데 아이들은 하루 세끼 모두 라면을 먹으라고 하면 두 손 들며 환호성을 지른다. 기름기 많고 영양가는 낮다는 훈계를 늘어놓아도 소용없다. 아이들과 이야기해서 일주일에 한 번 라면 먹는 날을 정했다. 화요일 저녁은 각자 먹고 싶은 라면을 끓여 먹는 날이다. 설거지도 아이들이 한다. 나에

47

게는 매주 화요일 저녁은 밥을 안 해도 되는 자유의 날이 되었다.

나는 하루 세 끼 모두 라면으로 먹어도 좋다는 아이의 생각과 라면은 영양가가 없고 칼로리만 높다는 나의 의견 사이에서 갈등했다. 과연 어떻게 하는 것이 아이들을 위하는 것인가? 경험이 많은 분의 조언이 필요했다. 교회 사모님과 상의를 했다. 사모님은 아이들이 먹겠다고 하는 것을 먹이라고 했다. 기름진 것을 몸에서 원하니 원하는 대로 해 주라고 했다. 그 말을 들었지만 실천에 옮기기는 쉽지 않았다. 라면을 먹겠다는 아이들에게 "그건 몸에 좋지 않아. 영양소가 없어. 밥하고 반찬을 먹어야지."라고 훈계를 늘어놓기 일쑤였다. 둘째가 서서히 사춘기에 접어들면서 '라면'을 사모하는 아이들이 둘이나 생겼다. 아! 남편까지 세 명이다.

3대 1인 상황이 되었다. 어떻게 하지? '피할 수 없다면 즐기라고 했던가! 이왕 먹을 것이면 라면을 주면서 얼굴 찡그리지 말아야지.' 하는 생각이 들었다. "먹을 거면 기분 좋게 먹도록 하자."라고 아이들에게 말했다.

"엄마가 라면을 좋아하지 않아서 너희들이 라면 먹겠다고 하면 영양가가 없다. 살찐다고 했는데 이젠 그러지 않기로 했어. 라면을 먹어도 돼. 너희 몸에 필요한 것만 흡수되고 좋지 않은 것은 몸 밖으로 빠져 나갈 것이라 믿어."

아이들은 "야호!"라고 외쳤다. 어떤 라면이 먹고 싶은지 물었다. 짜장 맛이 나는 라면, 참깨 맛 라면, 불닭 맛이 나는 라면 등 원하는 라면이 여러 가지다. 우리 집에는 늘 네 종류에서 다섯 종류의 라면이 있다. 아이들은 밥 먹고 라면 먹고, 햄버거 먹고 라면 먹고, 피자 먹고 라면을 먹었다. 딸은 종류가 다른 라면을 한 끼에 두 봉지나 먹었다.

아이들이 좋아하는 식품 1위는 라면이다. 그럼 2위는? 바로 초콜릿다.
치킨 버거 세트를 두 개 시킨 뒤 식탁에 놓고 아이들과 마주 앉았다.
"'초콜릿이라면 다 좋아.'라는 주제로 이야기해 보자."
"초콜릿 라면? 초콜릿으로 라면을 만들어?"
한울이가 큰 눈을 더 크게 뜨고 나를 쳐다본다.
"하하하. 초콜릿 라면이 아니고, 초콜릿으로 만들어진 과자 등에 관한
이야기를 하자는 거야."
"아."
아들은 입을 벌리고 고개를 끄덕인다.
"딸은 초콜릿을 언제부터 좋아했지?"
"냠… 냠… 잘 기억이 나지 않습니다."
"잘 기억이 나지 않는군요. 그럼 초콜릿으로 만든 것 중에 어떤 것을
좋아하지?"
"내가 이러려고… 햄버거 먹으면서 초콜릿으로 만든 것 중에 어떤 것
을 좋아하는지 엄마한테 심문당하려고 초콜릿을 좋아했나? 자괴감이 들
고 괴로워. 하하하. 초콜릿 아이스크림. 초콜릿 잼. 진짜 이건 아니다 싶
은 거 빼고 다 좋아."
딸은 햄버거를 먹으며 혼자 질문하고 혼자 대답하고는 혼자 웃었다.
"초콜릿 우유."

49

아들이 말했다.

"그렇지. 초콜릿의 단 맛 때문에 좋아하는 거지?"

"나 단 거 안 좋아하는데."

딸이 말했다.

"그래? 어머, 정말?" 놀라는 말투와 눈빛으로 딸을 쳐다보았다.

"단 건 최곤데 초콜릿은 달 게 먹으면 안 돼."

"엥? 초콜릿인데 달면 안 돼? 그러고 보니 딸은 쓴 초콜릿을 먹더라."

"응. 맞아."

"딸은 진정한 초콜릿 마니아야."

"그게 맛있어."

"원래 초콜릿이 쓴 거야? 아니면 종류가 있는 거야?"

"초콜릿의 원료인 카카오가 원래 써. 카카오는 멕시코 원주민들이 제사를 지내며 엄숙하게 마시던 음식이었어. 카카오가 유럽으로 건너갔는데 그걸 마신 사람들이 너무 써서 얼굴을 찌푸렸데. 맛있게 먹기 위해서 우유하고 설탕을 넣기 시작한 거지."

"오. 어떻게 그렇게 잘 알아? 엄마가 너 어릴 때 책을 많이 읽어 준 보람이 있다."

"정확하지는 않아. 멕시코 원주민이 아닐 수도 있고."

"그래? 초콜릿으로 만든 것 중에서 어떤 게 제일 좋아?"

"우의를 가리는 건 초콜릿에 대한 예의가 아니야."

"우의를 가리는 건 초콜릿에 대한 예의가 아니라고? 하하하. 그래도 초콜릿으로 만든 과자 중에서 좋아하는 거 말해 줘."

딸은 촉촉한 초콜릿 맛이 나는 과자의 이름을 말했다.

"요즘 초콜릿으로 만든 잼. 그거 많이 먹더라."

"초콜릿 잼. 악마의 잼이라고 하지. 다이어트를 하는 나에게는 최대의 적이야."

딸이 말했다.

"엄마는 단 거 싫어해서 초콜릿 잼도 별로야."

"나 그거 싫어해. 민트 초콜릿."

"민트 초콜릿이 뭐야?"

"치약 맛 나는 거."

아들이 말했다.

"민트가 치약 맛이 아니고, 치약이 민트 맛이야."

딸이 말했다.

"그래?"

"난 진짜 민트 맛 못 먹어. 그건 좋아하는 애들하고 안 좋아하는 애들하고 갈려."

"그렇구나. 엄마는 민트 맛 초콜릿이 있는 줄도 몰랐네. 초콜릿을 마시는 것도 좋아해?"

"응. 그건 차가우면 초콜릿 우유고 뜨거우면 핫 초콜릿이야."

이야기를 들은 나는 하하하 웃음을 터뜨렸다.

"딸 말이 맞데. 딸은 어떻게 그렇게 정의가 명쾌하니?"

"몰라. 그냥 그런 생각이 들었어."

"어릴 때부터 책 많이 읽어서 뇌가 말랑말랑한 것 같아. 언제부터 초콜릿이 우리나라에 들어왔지?"

"일제 강점기 뒤에."

"수빈이는 뭘 물어보면 대답이 바로 바로 나온다. 자동 응답기 같아. 수빈이 친구들 초콜릿 다 좋아해?"

"싫어하는 애도 있어."

"싫어하는 애도 있어? 엄마는 수빈이하고 한울이 둘 다 초콜릿을 좋아해서 그 또래 아이들은 다 좋아하는 줄 알았어. 엄마는 너무 달아서 싫거든. 속이 쓰려."

"에?"

아들은 얼굴을 뒤로 빼고 입을 벌린 뒤 그대로 멈추었다.

"아들의 표정이… 아랫입술의 떨림은 마치 빠바바밤 음악이 나오고 있는 것 같아. 손도 떨고 있어. 엄마가 초콜릿을 싫어한다는 이야기를 듣고 충격을 받은 모양이야."

"엄마는 어떻게 초콜릿을 싫어할 수가 있어?"

아들이 두 눈을 크게 뜨고 물었다.

"많이 먹으면 속 쓰려서 싫어. 초콜릿 아이스크림은 맛있는데 초콜릿 케이크는 읍! 너무 달아."

"나도 초콜릿 케이크 싫어. 빵이랑 초콜릿이랑 섞인 건 좋은데 시트 안에 초콜릿 갈아 넣어서 싫어. 뭐랄까. 지옥의 구렁텅이에서 올라온 초콜릿 맛 번데기 같기도 하고."

딸이 말했다.

"어떻게 초콜릿… 초콜릿을 모욕할 수가 있어?"

아들이 엉덩이를 들썩거리며 말했다.

"모욕?"

"엄마는 나에게 모욕감을 줬어."

"엄마가 왜? 엄마가 얼마나 착한데? 엄마 착해."

나는 스스로 내 머리를 쓰다듬었다.

"인간이 가장 사악해."

딸이 말했다.

"어떤 면이?"

"인간은 원래 사악해."

"알겠어. 맛있게 먹어."

내가 말했다.

셋이 둘러앉아 초콜릿에 대해 이야기를 나누는 시간은 깔깔깔 웃음소리와 환한 표정이 많았다. 민트 초콜릿이 있다는 것도 알게 되었다. 초콜릿을 싫어한다는 말에 놀란 아들의 표정을 보여 줄 수 없는 것이 아쉽다.

<초콜릿의 역사>

초콜릿은 기원전 1500년경 멕시코만 연안 지역을 중심으로 멕시코 문명을 처음으

로 형성시킨 올메크족이 카카오 원두를 갈거나 빻아 음료 형태로 먹기 시작한 것에서 유래한 것으로 알려져 있다. 올메크족은 '카카오의 물'이라는 의미의 '카카후아틀'을 음료로 마셨을 뿐 아니라 여러 음식의 첨가제로도 사용했다. 카카후아틀이 원기를 회복하고 영양을 보충해 준다는 사실을 알게 된 마야인과 아즈텍인들도 카카오를 아주 귀하게 여겼다.

1520년 아즈텍 왕국을 정복한 스페인의 에르난 코르테스에 의해 카카오 원두와 초콜릿 음료가 유럽으로 전파돼, 왕족과 귀족들 사이에서 유행하기 시작했다. 1657년 영국 런던에서 최초의 초콜릿 하우스가 문을 열었다. 1876년엔 스위스의 다니엘 피터스가 쓴맛을 덜어 주는 밀크 초콜릿을 개발하면서 초콜릿 제조업이 한층 발전하기 시작했다. 19세기 말에는 초콜릿 입자를 곱게 만드는 정제 장치가 발명돼 더욱 향상된 품질의 초콜릿 생산이 가능해졌다. 이후 초콜릿은 발전을 거듭하면서 각 나라를 대표하는 브랜드들도 생겨나기 시작했다.

- NEWSIS, 2015. 10. 15. 〈스위스 '레더라', 미국 '씨즈캔디'…나라별 대표 초콜릿 브랜드들〉

7

자도 자도 만날 졸려

수능 시험이 있는 날이다. 딸이 다니는 학교는 바로 옆에 고등학교가 있다. 중학교 창문에서 고등학교 언니들이 공부하는 모습이 보일 정도로 가깝다고 한다. 수능 시험 보는 오늘, 딸이 다니는 중학교는 휴교다. 딸은 아침까지 늦잠을 자고 11시가 넘어 일어났다. 인터넷 검색을 하고 있는데 딸이 일어나 달걀 볶음밥을 해 먹겠다고 한다. 기회는 이때다. 밥을 안 할 수 있는 기회 말이다.

"엄마 것도 부탁해. 달걀 볶음밥 2인분."

"2인분? 응. 달걀이 어디 있더라?"

다른 말없이 냉장고를 열며 중얼거린다. 해 주겠다는 뜻이다.

"엄마. 다 만들었는데 프라이팬이 엉망이야. 심각해."

"괜찮아. 팬 식으면 물 부어 줘. 나중에 닦으면 돼. 탄 냄새 나는데 태웠니?"

나는 컴퓨터 자판을 두드리며 대답했다.

"간장이 탄 것 같아."

"으악! 프라이팬이 이게 뭐야?"

밥을 먹으러 식탁 근처로 가다가 정체 모를 노란색으로 코팅된 프라이팬을 보고야 말았다. 심각한 프라이팬을… 딸은 분명 달걀 4개를 넣었다. 프라이팬 바닥을 코팅하는데 한 개, 프라이팬 테두리에 한 개, 볶음밥에 두 개가 들어간 모양이다. 맙소사.

"헤헤. 내가 심각하다고 했잖아."

"이런 적 처음이야. 정말 심각하다."

딸은 넓적하고 커다란 접시에 달걀 볶음밥을 불룩하고 동그랗게 담아 주었다. 볶음밥 속 흑미는 마치 깨소금을 뿌려 놓은 것처럼 보였다. 딸이 해 준 볶음밥을 먹으며 이야기를 나누기 시작했다.

"딸. 모처럼 아침에 늦잠을 푹 자서 좋겠다. 평상시 아침에 일어나기 힘들지? 보통 몇 시에 자?"

"12시에서 1시 사이."

"생각보다 빨리 잔다. 새벽에 글이 잘 써진다고 해서 2시에서 3시쯤 자는 줄 알았지."

"처음에는 그랬는데 새벽 2시에 자면 다음 날 눈이 안 떠져."

"그렇구나. 작년에 네가 울면서 그랬잖아. 글 쓰는 내 꿈을 응원해 준다고 하면서 9시면 휴대폰 끄고 피아노 위에 올려놓으라고 한다고. 집은 와이파이도 안 되고 글을 쓸 수 있는 환경이 아니라고. 그때 엄마가 참 고민이 많았어. 집에 동생도 있고….”

“그때 그랬지.”

“아빠하고 상의해 보니 아빠는 네가 원하는 대로 해 주라고 했어. 스스로 조절할 수 있다는 네 말을 믿어 주라고 했고. 그래서 최신 스마트폰으로 바꿔 준거지. 휴대폰 시간 자유 이용권도 주었고.”

“응.”

“그때 딸이 그랬잖아. 새벽 2시에서 3시 사이가 글이 제일 잘 써진다고. 우리 딸이 너무 늦게 자는 거 아닌가 걱정했는데《최성애 · 존 가트맨 박사의 내 아이를 위한 감정 코칭》을 읽고 걱정이 사라졌지.”

청소년들은 아침잠이 특히 많습니다. 밤에는 그런대로 말똥말똥하던 아이들도 이른 아침에는 맥을 못 춥니다. 전 세계의 청소년을 대상으로 '청소년들의 수면 생체 리듬'을 연구했습니다. 외부의 햇빛을 완전히 차단하고 시간의 변화를 느끼지 못하도록 한 뒤 자고 싶을 때 자고 일어나고 싶을 때 일어나도록 했습니다. 그 결과 대부분의 청소년이 '새벽 3시'에 잠자리에 들었고 '낮 12시'에 일어났습니다. 청소년들이 가장 쾌적하게 느끼는 수면 주기가 새벽 3시부터 낮 12시까지라는 얘기입니다. 성인이 되면 수면 주기는 정상으로 돌아옵니다. 청소년들이 아침잠이 많은 것 역시 그들만의 정상적인 신체 리듬으로 봐야 합니다.

　- 최성애 · 조벽 · 존 가트맨, 《최성애 · 존 가트맨 박사의 내 아이를 위한 감정 코칭》

"요즘 글 쓰니?"

"요즘 안 써. 귀찮음 더하기 슬럼프."

"무슨 슬럼프?"

"안 써져. 똑같은 내용 썼다가 지우고 또 썼다가 지우고."

"그랬어?"

"응. 이런 시절도 언젠가 지나가겠지."

"그렇지. 아침에 통학 차량 타고 갈 때 30분 정도 걸리니? 가는 동안에 자?"

"응."

"학교 가서는?"

"학교 가서도 자. 친구가 준 쿠션 있어. 그거 베고 자."

"8시도 안 되서 학교에 도착하는데 그 시간에 친구들 있어?"

"응. 한두 명 있어."

"걔들 무척 일찍 온다. 근데 있잖아. 딸. 수업 시간에 안 들키고 자는 방법 뭐 있어?"

"대 놓고 자. 그럼 선생님이 설마 쟤가 대 놓고 잘까 생각을 못해서 안 봐."

"안 봐? 못 본 척하는 거 아닐까?"

"못 본 척 한다고? 아닌 것 같은데. 수업 시간에 존다고 수행 점수 깎는 선생님도 있으니까. 국어 선생님이 수행을 깎긴 해 그런데 수업이 재미없어서…."

"국어 시간에 졸면 수행 점수가 깎이니까 잘 수는 없는데 수업이 졸리다 이거지?"

"응. 그럴 때는 팁이 있어. 수업하는 내내 자다가 깼다가 자다가 깼다가 하면 돼."

"하하하. 그건 자는 게 아니고 조는 거 아니니?"

"그치. 중간에 깨도 눈빛이 똘망하지 않아. 봐봐."

딸은 어깨를 구부정하게 하고 눈에 힘이 풀린 상태에서 초점 없이 바라보았다.

"풋, 앞을 보긴 하는데 사실 영혼이 없다 그거네."

"응. 인권조례 통과되면 수업 시간에 자는 애들 많아질 거라고 걱정하는데 원래 잘 애들은 지금도 자."

딸은 소금을 달걀 볶음밥에 뿌리다가 식탁에 흘렸다. 오른손으로 식탁 위 소금을 빗자루처럼 아래로 쓸어 내렸다.

"딸. 그거 아래로 그냥 버리면 누가 치워?"

"개미."

"우리 집에 개미 없어. 엄마가 치워야 하잖아. 행주로 훔쳐서 버려 줘."

"소금을 자연으로 돌려보내는 것뿐입니다."

"너는 자연으로 돌려보내는 거지만 그거 엄마가 다 치워야 되거든. 이상한 합리화하지 말고."

"헤헤헤. 수학 선생님은 잘 못 잡아. 아예 엎드려 자. 선생님은 보는 애들만 보고 수업을 해."

"그렇군. 자는 애들이 보이지만 신경을 안 쓰는 거 아닐까?"

"그런가? 자는 애들이 자다가 깨면 옆에 애들하고 떠들어. 그러다가 조용하면 또 자. 선생님은 그런 애들 말고 수업 태도 좋은 애들만 보고 수업을 해."

"딸하고 대화하다 보니까 엄마 중학교 때가 생각났어. 옆 친구가 복도 창가에 앉아서 오른손으로 턱을 괴고 자고 있었어. 여름이어서 창문을 다 열어 놨지. 선생님이 복도를 지나다니시면서 자율 학습 감독을 했어. 선생님께서 복도를 지나가다가 엄마 봐봐. 이렇게 친구 얼굴을 봤어."

뒷짐을 지고 마치 선생님인 듯 딸 옆을 지나가다가 고개를 앞으로 쭉 내밀었다. 딸 눈과 내 눈이 정면으로 마주쳤다. 딸은 얼굴이 점점 빨개졌다. 크게 소리 내 웃었다.

"하하하. 정말 웃긴다. 그 친구 진짜 당황했겠다. 나는 그래서 그렇게 안 자."

"어떻게 자는데?"

"봐봐. 엄마. 고개를 뒤로 젖히고 오른손 바닥으로 아래턱을 괴어. 이렇게. 그런 다음에 눈을 감고 자는 거야."

"하하하. 그럼 고개가 앞으로 안 떨어져?"

"응. 이쪽으로 안 떨어지고 저쪽으로 떨어지지."

"아. 뒤로."

"응. 앞으로 떨어지면 고개 아파. 뒤로 떨어져야지. 영어 선생님 아들이 오버워치 게임을 하는데 거기에 '영웅은 죽지 않아요. 다만 대가를 치를 뿐.'이라는 대사가 나오는데. 그 말을 아들에게 배워서 학교에서 자는 애들 머리를 때리면서 그 대사를 했대."

"머리를 때렸다고? 뭘로?"

"출석부로. 그게 무척 아파."

"맞아 봤어? 언제?"

"출석부 가지고 다니는 애들 있거든. 친구들하고 장난치다가 그걸로 맞아 봤지. 그걸로 애들 때려. 그거 엄청 무서워. 선생님보다 애들이 더 무서워. 나는 자도 자도 만날 졸려."

"그러게. 만날 졸리지. '청소년의 수면 생체 리듬'에 맞추려면 오전에는 내내 잠자고 점심 먹고 등교해야 맞아. 그때부터 수업 시작하면 몇 시에 끝나지?"

"글쎄 아마도 밤 아홉시? 열 시쯤?"

"그렇겠다. 너희 리듬에 맞추면 그렇지. 그런데 어른들의 수면 생체 리듬은 그렇지 않거든. 어디에 초점을 맞춰야 하나 어렵네."

자도 자도 졸리고 아침잠이 많고 새벽에 잠드는 우리 딸. 정상이다. 잘 자라고 있다.

2장
엄마, 내가 남자라면 좋겠어

1

성관계의 순우리말이 뭔지 알아요?

식탁에 앉아 귤을 까먹으며 대화했다.

"딸, 있잖아. 우리나라에서는 성^{SEX}이라고 하면 성관계를 먼저 생각하는 것 같아. 사실 SEX라는 단어의 뜻은 남성이냐 여성이냐 인데 말이지."

"그냥 아래야. 아랫도리. 엄마, 성관계의 순우리말이 뭔지 말아? 바로 '니디티'야."

"엥? 뭐? 그게 뭐야?"

"성에 해당하는 SEX를 키보드 자판으로 치면 'ㄴㄷㅌ'인데 거기에 모음 'ㅣ'를 붙여서 '니디티'라고 이름 지은 거래. 출산 장려 시민 단체에서 만들어 낸 신조어래요. 저작권 등록도 했다고 해."

출산 장려 시민 단체 '부부학교' 대표 황주성씨는 지난 8일 '성교'를 뜻하는 영어 단어 '섹스'(sex)에 해당하는 신조어를 자체적으로 만들어 그 저작권을 한국저작권위원회에 등록했다. 황주성씨는 한국저작권위원회로부터 해당 신조어의 저작권 등록번호 제C-2013-019964호를 받았다.

- 서울신문, 2013. 10. 9. 〈'섹스'(sex)의 순우리말은 '니디티'? 네티즌 '황당'〉

"니디티? 엄마 사십 년 넘게 살면서 그런 말 처음 들어 봐. 성하면 SEX를 먼저 떠올리고, 속된 말로 '야한 행위'라는 이미지를 벗기 위해서 만들었다는 거네. 출산을 장려하기 위한 취지로."

"그치. 엄마. 달거리는 들어 봤지?"

"응. 생리 혹은 월경을 말하는 거지? 생리하면 생활하는데 무척 불편하잖아. 학교에서도 생리 혈이 새서 의자에 묻기도 하고. 엄마가 수빈이 만할 때 남자는 생리 안 하는데 여자는 너무 불편하다고 불평했었어. 피해 보는 것 같고. 어디선가 들었는데 남자는 잘 때 몽정을 하잖아. 자신의 의지와 상관없이 발기될 때가 있고 그래서 남자들 역시 불편을 겪는데."

"남자들이 성적으로 흥분해서 그런 게 아니라 너무 기분이 좋으면 자연스럽게 발기될 때가 있는데. 성인이 되면 줄어든다는데?"

"그럼 수빈이처럼 한창 성장기에 있는 아이들은 그런 경우가 자주 있을 수 있겠다."

"그렇지."

"엄마는 그 이야기를 듣고 남자도 그런 불편함이 있구나. 여자만 생리로 불편함을 겪는 건 아니구나! 하고 위안이 되더라."

"에잇. 어떻게 남자 몽정하고 여자 생리하고 같아? 남자는 여자처럼 한 달에 한 번씩 시도 때로 없이 요도로 정액이 나오는 것도 아니고, 몽정을 처리할 때 닦는 휴지에서 발암 물질이 나오는 것도 아니잖아."

딸은 아주 억울하고 분하다는 표정과 말투로 말했다.

"수빈아 천천히 이야기해. 흥분했어, 너."

"남자가 몽정한다고 아프지는 않잖아. 비교할 걸 비교해야지!"

딸 코에서 뜨거운 바람이 뿜어져 나오는 것 같았다.

"수빈이 생각은 말도 안 되는 비교는 하지도 말라. 그거지?"

"당연하지. 남자들은 생리 전 증후군도 없어. 몽정할 때 가슴이 부풀거나 우울하거나 배가 아프지도 않아. 몽정은 색깔도 빨갛지 않아서 티도 잘 안 나잖아."

"그런가? 수빈아 엄마도 몽정은 안 해 봐서 잘 몰라."

"아빠한테 물어봐. 그런지."

"하하하. 그럴까? 아빠한테 물어보라니 임기응변 질문 기술의 달인이네. 우리 딸."

"비교할 걸 해야지. 정말!"

"수빈이 짜증났네. 엄마 중학교 때 생리통이 심한 친구가 있었어. 그 친구는 학교에 오면 두 손으로 아래 배를 감싸 안고 고개를 숙인 채로 앉아만 있었어. 오전 수업만 하고 조퇴하고 집에 가기도 했지. 엄마는 생리통이 심하지 않아서 그런 친구가 신기했어."

"자랑거리지. 생리통 없는 게. 엄마가 부럽다. 친구들한테 '나 생리통 없는데.' 그러면 애들이 와서 막 때려."

"때려? 생리통이 너무 고통스럽고 부럽기도 하고 그러니 분한 마음을 주먹으로 달래는 거야? 생리통이 선택할 수 있는 것도 아니고. 몸을 좀 따뜻하게 하면 덜하다고 하던데."

"맞아. 엄마 이 귤 맛있다, 그치? 처음에 사 왔을 때는 신맛이 많이 났는데 달아졌네. 귤은 스트레스를 받으면 단맛이 난데. 어떤 사람이 그 기사를 읽고 귤한테 살인 사건 같은 뉴스를 보여 줬데."

"그거 아주 효과가 없다고는 못할 것 같은데. MBC에서 방송한 '밥풀 실험'을 봤거든. 고운 말을 한 밥풀과 '짜증나', '싫어' 같은 말을 한 밥풀의 차이를 보여 줬거든. 이제 다시 본론으로 돌아와서 네가 알고 있는 성에 대해서 이야기해줘. 엄마 눈 빛나는 거 보여? 기대만발이야."

"신체구조는 알고 있는데…. 남자는 소변하고 정액이 같은 길로 나와. 그래서 걱정하는 사람이 있다네. 소변 눌 때 정액이 나오면 어떻게 하냐고. 그런데 정액이 나오면 소변 길이 자연스럽게 막혀. 입도 하나지만 폐하고 음식하고 들어가는 길이 다른 것처럼."

"아하. 그런 걱정 안 해도 된다. 그 말이네."

"남성이 흥분하면 쿠퍼 액pleasure's drop, 사정 전에 나오는 액이라는 끈적거리는 액이 나오거든. 그게 정액이 나오는 길을 청소해 주는 역할을 해."

"쿠퍼 액?"

"응. 그런데 중요한 건 쿠퍼 액을 흘릴 때쯤 콘돔을 껴야 해. 쿠퍼 액에도 소량의 정자가 들어있을 수 있으니까. 임신 확률이 있다는 거지."

"맞아. 그거 들은 것 같아."

"솔직히 제일 좋은 거는 안 하는 거지."

"하하하. 제일 좋은 다이어트는 안 먹는 거지. 그거하고 똑같다, 딸. 그치? 또 이야기해 줘."

"성관계를 할 때 콘돔을 끼는 게 좋아. 성병 예방, 에이즈뿐만 아니라 여성과 남성 성기 자체에 서식하는 균 때문에 말이야. 그 균이 몸속으로 들어가잖아. 그러면 여성은 질이 몸 안에 있기 때문에 건강에 안 좋을 수 있어. 질 안쪽까지 씻는 여성도 별로 없고."

"어떻게 질 안쪽까지 씻지? 산부인과 가면 청소할 수 있나?"

"집에서 할 수 있어. 탐폰처럼 나오는 거 있거든."

"그런 게 있어? 신기하다."

딸의 눈을 정면으로 바라보며 이야기를 이어갔다.

"SNS에 나왔어. 콘돔은 원하지 않는 임신을 막기 위해서 껴야 하고, 그것을 끼면 성병 예방도 돼. 아무리 밖에다 싼다고 하지만 생각을 해 봐 쿠퍼 액에 정액이 들어있는데…."

"뭐… 뭘 밖에다 싸?"

나는 딸 얼굴 가까이에 대고 나지막하게 물었다. 딸은 갑작스러운 엄마의 행동에 얼굴이 붉어져서 '훗' 하고 웃음을 지었다.

"딸, 갑자기 질문하니까 당황했구나?"

"하하. 알았어. 점잖은 용어를 쓸게. 질외사정."

"질외사정? 그런 건 어떻게 하는 건데?"

나는 얼굴을 딸에게 가까이 대면서 물었다.

"후유."

딸은 빨개진 얼굴로 후유, 후유 소리를 내며 길게 심호흡했다.

"그런 거 학교에서 배우니?"

"학교에서 안 가르쳐 줘."

"어머, 그런 거 가르쳐 줘야지. 왜 학교에서 안 가르쳐 주지?"

"몰라."

"피임하는 방법은 배우잖아. 콘돔 그런 게 교과서에 언제 나와?"

"중학교 1학년 때 배우는 데, 성교육 시간이 따로 있어. 그런데 학교에서 보여 주는 동영상이 오래된 거라서 그냥 잤어."

"오래 된 거라서 잠을 잔 것이 아니고 다 아는 거라서 잔 거 아니야? 오래된 영상이면 현실성이 떨어지겠네."

"동영상에서 피임 수술 하는 거 나왔는데 몇 십 년이 지나도 방법이 달라진 게 없어. 남자 정관 수술은 묶잖아."

"엄마가 알기로는 예전에는 묶었는데, 요즘은 정액이 나오는 길을 레이저로 아예 끊어 버리는 시술을 한다고 들었어. 복원이 안 되는 거지."

"묶는 것에는 문제가 있어."

"뭐가 문제인데?"

낮고 진지한 목소리로 딸에게 물었다.

"SEX."

딸은 간단명료하게 대답하고는 말을 이어 갔다.

"아내는 남편이 정관 수술을 했으니까 안심하고 했단 말이야. 그런데 남편이 아이를 가지고 싶어서 아내의 동의 없이 풀고 온 거야. 그래서 임신이 된 사례도 있는데. 남자의 정관 수술은 $0.1cm$에서 $0.2cm$만 자르면 된데. 남자의 정관 수술은 진보했지. 여성의 경우에는 달라진 게 없어. 루프 넣는 거랑 난관 묶는 게 있나? 그런 것 같아. 난관 묶는 수술은 아기 낳을 때 같이 한데."

"제왕절개할 때 불임 수술을 같이 하기도 하지. 복강경 수술이라고 해서 예전처럼 배를 많이 자르지 않고 여성 불임 수술이 가능하다고 해. 여성 수술도 진보했다고 볼 수 있지. 요즘에는 팔 안에 피임 기구를 삽입하는 것도 있고 루프를 끼기도 하니까."

"그래? 여성 수술도 변하긴 했네. 근데 엄마 부작용이 만만치 않아."

"엄마도 부작용 경험했어. 한울이 낳고 루프를 끼고 나왔는데 속이 울렁거리고 어지러워서 서 있을 수가 없었어. 진료실 밖에 있는 의자에 앉아 있었지. 지나가는 간호사한테 내 상황을 설명하니까 5층 회복실에 가서 누워 있다가 가라고 했어. 침대에 누워 있다가 왔지."

"엄마도 부작용 경험했구나!"

"응. 몇 달 끼고 있다가 빼고 아빠가 정관 수술했지."

"아."

중학교 2학년 딸과의 성적 대화가 유쾌하다. 쿠퍼 액이라는 단어를 처음 들었다. 딸에게 배우는 성적 지식이 조금은 민망하고 즐겁네.

2

침묵은 예스(YES)가 아니라는 것을 알려 줘야 해

"엄마가 학교 다닐 때는 생리대를 여러 가지 가져와서 직접 보여 주는 성교육을 했거든. 물론 그때는 몸 안에 넣는 생리대라고 해야 하나 그런 제품은 없었으니까 그건 안 했지. 엄마가 초등학교 때였어. 두 반을 합쳐서 여자아이들만 모아 놓고 생리대를 보여 주면서 성교육을 하고 있었지. 남자아이가 그 교실에 심부름을 온 거야. 여자아이들이 남자아이가 오니까 '어우….' 하면서 부끄러워하기도 하고 야유를 보냈지. 남자아이는 어리둥절해 하면서 나갔어."

"엄마 때 성교육은 그랬구나! 학교에서 임신은 자세하게 알려 줘, 아주 자세하게. 그런데 성관계에 대해서는 안 알려 줘. 어쩌라는 거지? 손만 잡고 자면 애가 생겨? 진짜. So what^{그래서 뭐?}이다. 하하하. 너무 웃겨 엄

마. 중간 과정은 다 생략하고 임신만 자세히 알려 준다니까."

"예. 예."

나는 할 말이 없어서 씁쓸한 표정으로 고개를 끄덕이며 대답했다.

"웃겨 죽을 것 같아. 남자가 몽정을 시작하면 경건하고 성숙하게 받아들이라는 말 안 하는데, 여자가 월경 시작했을 때는 그러래."

"엄마가 한울이 5학년 때였던가? 교과서를 봤는데 남성의 성기가 그림으로 발기 전, 후가 아주 자세하게 나와 있어서 깜짝 놀랐어."

"그림으로는 나오지. 솔직히 우리 초등학교 때 그거 거의 안 써. 보건 2시간 하고 끝이야. 우리 사회 분위기 자체가 성을 숨기려고 하니까. 그러면서 애는 많이 낳으래. 성관계는 하지 말고 애는 낳으래. 어쩌라는 거지?"

"성관계는 하지 말라는 게 어떤 의미지?"

"학교에서 안 알려 줘."

딸 얼굴 가까이에 내 얼굴을 대고 낮은 목소리로 물었다.

"따님. 다 아시잖아요? 뭘 새삼스럽게 알려고 해. 다 알면서? 그렇지 않니?"

"훗. 모르는 애들 있어. 이 나이 먹어서도 모르는 애들 있어."

"걔들은 왜 몰라요?"

나는 얼굴과 목소리에 버터를 바른 듯 천천히 느끼하게 말했다.

"몰라 나도. 왜 모르는지."

"딸하고 대화하다 보니 성관계에 관련된 재미있는 이야기가 생각났어.

얼마나 웃겼는지 숨이 안 쉬어져서 인공호흡을 해야 할 정도였다니까.
들어 봐."

　나를 쳐다보는 딸의 눈이 초롱초롱하다.

　"중학생 딸과 아빠가 대화를 하고 있었지. 딸이 물었어. '아빠, 아빠는
섹스해 봤어?' 아빠는 예상치 못한 과녁을 뚫는 질문에 얼굴이 화끈거렸
어. 어색한 침묵과 시선을 외면한 채 아빠는 대답했어. '세… 섹… 스…
으? 아. 아. 아. 아니.' 얼마나 긴장했는지 말까지 더듬거렸지. 딸은 아빠
의 대답을 듣고 고개를 갸우뚱했어. 아빠를 쳐다보며 물었지. '그럼 나
어떻게 낳았어?'"

　"푸… 하하."

　"하하하. 눈물 나. 진짜 웃기지?"

　"엄마. 너무 웃겨서 숨이 안 쉬어져. 나 얼굴 빨개졌어. 그 아빠 어떻게
하지?"

　"그러게 말이야. 얼마나 당황스러웠을까? 뒷수습은 어떻게 했을까?"

　딸과 서로 빨개진 얼굴을 쳐다보았다. 손을 부채처럼 얼굴을 향해 부
쳤다. 목젖이 다 보이도록 웃었다.

　"지난번에 딸, 식탁에 생리대를 쫙 펴 놓고 한울이한테 보여 주던데.
뭐 한 거야?"

　"생리에 대해서 한울이가 알아야지. 나는 한울이가 커서 예민한 여자친
구한테 '너 생리 중이니?'라고 말하는 게 듣기 싫어서 미리 알려 준 거야."

　"'너 생리 중이니'라는 말이 왜?"

"생리 중인 사람한테 말하면 안 되는 말 1위가 '너 생리 중이니?'니까."

"생리하는 게 부끄러운 거 아니라면서."

"부끄러운 건 아닌데 배 아프고 짜증나잖아. 생리 중이냐고 물으면 정말 하… 그냥 그 애를 365 조각 내서 5대양 6대주에 뿌려서 동물들과 물고기 밥으로 주고 싶다."

"하하하. 365 조각으로 잘라서 뭐? 5대양 6대주에 뿌린다고? 물고기 밥으로?"

나는 박수를 쳤다.

"완벽하지?"

"와아… 지금까지 들었던 뭐라고 하지? 모함? 욕? 중에서 최고인 것 같아."

"얼마나 좋아. 세상에 굶주리는 동물들도 먹고 물고기도 먹고. 'I could die in this moment. Forever young.'"

딸은 콧노래를 흥얼거렸다.

"그럼 딸은 성교육을 언제 해야 한다고 생각해?"

"솔직히 문제가 되는 건 사회 인식이야. 어차피 성장하면 다 성관계잖아. 그런데 섹스라고 하면 성관계를 먼저 생각해. 성관계는 야한 게 아니거든. 알려 주지도 않고 네 멋대로 하래. 알려 주지 않으면 무슨 일이 벌어지겠어? 야동 보는 나이가 초등학교로 쭉 내려가거든. 야동으로 성관계를 본 아이들이 성관계에 대한 지식을 어떻게 갖겠어? 야동은 100% 여성의 성을 상품화하거든. 왜냐하면 AV 배우 대부분이 여성이니까."

"AV 배우가 뭐니?"

"어덜트 비디오Adult Video ; AV에 출연하는 전문 여배우를 뜻하는 거야."

"그런 게 있어? 딸은 어떻게 그렇게 잘 알아?"

"알 수밖에 없는 게. 아, 잠시만."

딸은 불그스름해진 얼굴을 하고는 의자 뒤로 몸을 젖혔다.

"얼굴 빨개졌는데, 어떻게 알았지?"

"하하. 엄마 내가 알 수밖에 없는 게. 여보세요. 어머니? 포르노는 조작된 상황이야. 그건 연기라고. 애들이 그 조작된 상황을 보면서 진짜로 받아들이는 거지."

"그럼 딸은 성교육을 몇 살 때 어떻게 해야 한다고 생각하는데?"

"…"

잠시 침묵하던 딸이 말을 시작했다.

"그걸 나라에서 통계를 내야 하는데 안 하고 있어. 아이들이 음란물을 접한 통계. 학교에서 그런 거 돌려서 본다고 애들이. 학교에서 그런 거 설문 조사하면 애들이 본다고 체크하겠어? 불륜한 사람이 불륜한다고 체크를 해?"

"안 하지. 그래서 딸 생각에는 성교육을 몇 살에 어떻게 하면 좋을 것 같아?"

"4, 5학년? 그때 육체적인 성관계랑 서로의 성을 존중해 줄 수 있는 프로그램을 함께 해야 한다고 생각해. 침묵은 '예스Yes'의 뜻이 아니라고 반드시 알려 줘야 해. 어릴 때부터. 학교 폭력이나 장난칠 때도 마찬가지고."

"그럼 침묵은 '예스'가 아니다. 라는 걸 남자가 알아야 해? 여자가 알아야 해?"

"당연히 둘 다 알아야 하지."

"강간에 대해서는 몇 살에 알려 줘야 할까?"

"어릴수록 좋아. 한 번은 강간 피해 여성의 옷이 전시된 적이 있어. 90% 이상이 미취학 아동의 옷이었어. 안 돼요. 싫어요. 하지 마세요. 해서 그 상황으로부터 도망칠 수 없어. 도망칠 수 없다면 살아남는 게 먼저야."

"그럼 어떻게 해야 하지?"

"말을 따르지 않았을 때 이 사람이 나를 죽일 수 있겠다는 그런 공포감이 있으면 그냥 가만히 있어. 안 당하는 게 먼저가 아니라 사는 게 먼저야. 그런 다음에 도움을 줄 수 있는 부모님이나 주변 사람들에게 알려야 해."

"그거 네 생각이야?"

"그렇게 말하는 사람이 많아."

"강간의 상황이 왔을 때 강간을 피하려다가 목숨을 잃는 것보다 내 목숨을 지키는 게 먼저라고? 아, 어렵다. 그리고 그런 상황에 아이들이 놓인다고 생각하니 마음이 아프네. 어린애들이 그런 걸 어떻게 판단해?"

"처녀성을 지켜야 한다고 해서 자결하는 건 옛날이야기라고."

"아니 그런데. 그럴 정도의 판단력이 있어서 선택할 수 있다면 좋지만…. 딸 말처럼 강간이 되는 상황에서 내 생명을 먼저 지켜야 하는지 내 성性을 지켜야 하는지에 대해서 판단이 안 서는 나이면 어쩌지?"

"그런 복잡한 건 뒤로 치워 놓고 일차적인 걸 가르치자는 거야. 아이들은 처음에 양치질을 '치카 치카 해야 돼요. 안 그러면 병균이 이를 갉아 먹어요.' 그렇게 배우잖아. 하지만 그 아이들이 크면 어떻게 배워? '양치를 해야 해. 왜냐하면 내 입속에서 세균이 남은 음식물 찌꺼기를 먹고 배설을 하기 때문에 내 이가 썩는다.'라고 배워. 그런 식으로 애들한테는 1차적으로 알려 줘야 해. 안 돼요. 싫어요. 하지 마세요. 라고 너의 의사를 명확하게 해. 그런데 그 사람이 그래도 한다거나 상대가 너무 무서우면 가만히 있다가 그 일을 빠짐없이 부모나 나를 도와줄 어른에게 말해라. 만약 부모가 너에게 그랬다면 주위의 어른들에게 알려라. 그것은 성폭력이다라는 교육이 필요하다는 거지. 그런 다음에 학년이 올라가면서 점차 세분화를 시켜서 교육하자는 거야. 우리나라 교육이랑 똑같아. 초등학교 때는 곱하기 나누기 배우다가 중학교에 올라가서 함수 배우고 이차함수 배우는 것하고 비슷해."

"그럼 현재 우리나라 성교육은 교과서를 배우는 것처럼 연령에 맞게 단계적으로 되어 있지 않다는 거니?"

"성교육은 몇 학년 때 해야 한다 이런 것만 있지 두루뭉술해. 어떤 학교에서는 콘돔을 직접 나눠 주면서 교육했다는데 우리는 안 했거든. 성교육하는 방식이 지역마다 다르고 학교마다 달라. 콘돔을 직접 나눠 주고 사용 방법 같은 걸 알려 주면 좋겠어. 콘돔은 사실 100% 피임 방법은 아니야. 하지만 성병 예방은 가능해. 어떻게 어린아이한테 성욕을 느낄 수 있는지 모르겠어. 이해가 안 가."

"소아성애라고 하지. 일종의 병 아닐까?"

"우리나라는 성하면 부끄럽고 야하고 부모님한테 물어보면 혼나는 걸로 알잖아. 그러니까 친구들하고 이야기하고 야동보고 다른 쪽으로 궁금증을 해결하려고 하지. 성은 그냥 성이야. 아름답다 뭐 그런 말 안했으면 좋겠어. 헷갈려."

"네. 네."

딸의 말처럼 나 역시 부모님에게 성적인 부분을 한 번도 물어보지 못했다. 생리가 부끄러웠다. 혹시 슈퍼마켓에 남자가 계산을 할까 두려워 생리대를 사러 가지도 못했으니 말이다. 엄마가 된 지금, 우리 집은 아이들과 성에 대해서 편하게 물어볼 수 있나? 돌아보게 된다.

3

유리 천장

  수빈이 친구 한결이가 놀러 왔다. 이야기꽃을 피우고 있는 아이들 방을 노크했다.

  "오랜만에 한결이가 놀러 왔네. 내가 요즘 사춘기 아이들의 마음? 이라고 할까? 생각이라고 할까? 에 대한 책을 쓰고 있어. 여자라서 좋은 점에 대해서 같이 이야기해 볼래?" 라고 하면서 아이들 사이에 벌러덩 누웠다. 아이들이 편안한 마음으로 이야기했으면 좋겠다는 생각이 들었기 때문이다.

  "여자라서 좋은 점이요? 없어요."

  한결이가 말했다.

  "없어? 다시 생각해 봐."

"없어. 1도 없어."

딸이 말했다.

"여자라서 좋은 점에 관해서 이야기를 해 보려고 했는데 금방 끝나 버렸네. 여자라서 좋은 점이라… 내가 말해 볼게. 지금 내가 글 쓰는 것 말고 일을 하지 않고 있어. 글 쓰는 것은 금방 돈이 되지 않잖아. 남편이 월급을 받아오니까 그것으로 생활할 수 있다는 점은 좋더라."

"그런 가?"

이렇게 대답하는 딸. 알면서도 모르는 채 하는 건지 인정하기가 싫은 건지 딸의 마음을 알 수가 없다.

"너희들이 생각하기에 여자라서 좋지 않은 점은 뭐가 있니?"

"여자라서 맞아 죽어."

"맞아 죽어? 왜? 누구한테?"

"남편. 남자 친구. 남자 동생. 지나가던 남자한테 맞아 죽어."

"많아요. 뉴스 같은 데 나와요."

한결이가 말했다.

"그런데 엄마. 우리나라에서는 남자끼리 싸우면 누가 먼저 시비를 걸었냐. 폭력을 누가 먼저 행사했느냐를 따지는데 여자하고 남자하고 시비가 붙으면 쌍방 과실로 나와."

"그 말의 뜻은 여자가 불리하게 판결받는 다는 이야기지? 정말 그런 가? 엄마는 그런 생각 지금까지 안 하고 살았거든."

"차별 많아요. 도쿄의과대학도 여자 합격생을 의도적으로 줄였잖아요."

"도쿄의과대학에서 여자 합격생을 줄인 일이 있었어? 일본은 선진국
이라고 생각했는데 여성 차별이 있구나! 의외인걸."

"엄마. 남녀 차별은 다른 나라도 예외는 아니야."

관련 기사가 있는지 찾아보니 정말 있다.

일본 대학 입시에서 여성과 재수생에게 일괄적으로 감점을 매기는 방식으로 불이
익을 주면서 물의를 일으킨 도쿄의과대학이 피해 응시생 101명을 추가 합격시키
기로 했다. NHK에 따르면 도쿄의과대학은 7일 올해와 작년 입시 때 부정한 방식 적
용으로 불합격한 여성 수험생과 재수생 등 총 101명을 추가 합격 대상으로 한다고
발표했다. 그간 도쿄의과대학은 여성 수험생과 재수생의 점수를 감점하는 등 부
정입시를 실시한 것으로 드러나면서 제3자 위원회(외부인사로 구성된 감사 위원회)
를 설치해 대책을 강구해 왔다.

도쿄의과대학은 이날 도쿄 시내에서 기자회견을 열고 하야시 유키코 학장이 "입
시에서 부적절한 행위가 있었다는 지적을 받았다. 이 자리를 빌려 수험생과 관계
자에 다시 심심한 사죄를 드린다."고 머리를 숙였다. 하야시 학장은 작년과 올해
입시에서 합격선을 넘겼는 데도 불합격 처리된 여성 수험생과 재수생 합쳐서 101
명을 추가 합격 대상으로 했다고 언명했다.

도쿄의학대학은 이들 추가 합격 대상자에 입학 의사가 있는지를 확인한 다음 내
년 4월 입학을 인정하겠다고 설명했다. 이에 따라 내년 입시는 그만큼 정원을 줄
여 실시할 방침이라고 도쿄의과대학은 밝혔다. 앞서 도쿄의과대학은 그간 고3 수
험생과 재수생에게는 20점의 가산점을 주고 3수생에게는 10점의 가산점, 4수 이

상 수험생 및 여성에게는 가산점을 아예 안 주는 방식으로 불이익을 줘 여성 합격자 수를 줄인 것으로 나타나 논란을 불렀다. 2018년도 입시뿐만 아니라 지난 2006년부터 계속 이뤄진 사실도 드러났다. 도쿄의과대학 제3자 위원회는 지난달 23일 2018년도 입시에서 이 같은 방식으로 총 55명이 불합격했다고 발표했다.

이번 사태로 사임한 우스이 마사히코 전 도쿄의과대 이사장은 여성 합격자 수를 의도적으로 줄인데 대해 "결혼 및 출산 등에 따른 이직으로 여의사들이 장시간 노동을 할 수 없는 것을 우려했다."고 해명해 비난을 받았다.

문부과학성의 조사로는 준텐도대학과 쇼와대학 등도 비슷한 방식으로 여성 합격자를 줄인 사실이 확인되면서 사회문제로 비화했다.

- 뉴시스, 2018. 11. 7. 〈도쿄의대, '여성·재수생 감점' 피해 101명 추가 합격시키기로〉

"여자라서 밤에 마음대로 돌아다니지도 못하고 옷도 마음대로 못 입잖아요. 머리도 마음대로 못하고."

"여자가 숏컷 했다고 남자한테 맞는 세상인데 뭐. 나 그냥 목숨 걸고 숏컷 하려고. 하하하."

딸이 말했다.

"밤늦게 돌아다니는 거. 그렇지. 남자들도 밤늦게 다니면 위험하긴 하지만 여자가 더 위험하다. 그거지? 그래 그것이 불편할 수 있지. 옷을 마음대로 못 입는 다는 건 뭐니?"

"여자가 노출이 심하다. 야하다. 너희가 그렇게 입고 다니니까 성범죄가 일어난다고 하잖아요."

"아. 그래. 그런 말 하지. 마음대로 못 입는다고 생각하면 불만일 수도 있겠다. 머리를 마음대로 못한다는 건 최근에 뉴스에서 나왔던 거지?"

"네. 여자가 머리 짧게 하고 다닌다고 폭행 당한 사건이요. 여자는 회사에서 높은 자리까지 올라가기도 어려워요. 남자보다 두 배는 더 노력해야 하고요."

"맞아. 유리 천장이라고 하잖아."

한결이 말에 딸이 맞장구쳤다.

"유리 천장? 여성이 사회적 지위에 오르면 언제 유리 천장이 깨져서 다칠지 모른다. 그 뜻이니?"

"아니. 유리로 된 천장이라서 어느 높이에 있는지 알 수 없다는 뜻이야. 눈에 보이지 않으니까 내가 아무리 노력해도 이 회사에서 정해 놓은 위치까지 밖에 올라갈 수 없다는 거지."

"아. 그게 유리 천장이라는 뜻이구나!"

아이들은 사회에서 여성 차별이 심하다고 느끼고 있었다. 아이들과 이야기를 나눈 뒤 내가 중학교 때는 어땠을까? 생각해 보았다. 사회적 성차별에 대해서 생각했나? 친구들과 이야기했었나? 골똘히 생각해 보았다. 오랜 시간 기억을 더듬는 것을 보니 그런 생각을 하지 않은 듯하다.

중학교 여자아이들이 사회에서 성차별이 심하다고 느끼고 있는 현실이 안타깝다. 잘 먹고 잘 놀고 하하 호호 웃음 많은 중학교 시절을 보낼수는 없을까? 세상을 일찍 알아버린 아이들이 안타깝다. 사회적으로 성차별이 있다고 느끼도록 한 일말의 책임을 느낀다. 미안해. 딸들아.

4

83 : 17

"남존여비나 성차별에 대해서 이야기하고 싶은 주제 있어?"

"아니. 졸려."

"졸려? 엄마는 질문이 있는데 '여자답다', '남자답다'는 말에 대해서 어떻게 생각해?"

"그건 틀린 말이야. '여자답다', '남자답다'라는 말은 없어. 머리 짧고 화장 안 하면 남자고, 머리 길고 화장하면 여자야?"

"그러 게. 그건 보이는 모습만 보고 이야기하는 거지."

"외형적으로 보여 지는 게 다가 아니잖아. 다소곳하면 여자야? 여자는 다소곳해야 해?"

"그… 글쎄? 그런 것에 대해서 엄마는 생각해 본 적이 없어서 말이야."

"아니잖아. 여자는 조신하게 앉아서 남자 말만 들어야 하냐고!"

"엥? 그건 옛날이야기 같아. 엄마 세대에도 그런 말은 안 했는데? 네가 그런 말 하니까 일본 생각난다. 기모노 입고 무릎 꿇고 다소곳하게 앉아 있는 모습."

"난 아마 그러라면 폭발할 거야. 참을 인 세 번이 안 되는 사람이야."

"그렇지. 안 되고 말고. 우리 딸은 아마 머리 풀고 뛰어 내릴 거야. 그러면 '분홍은 여자 색이고 파랑은 남자 색이다.'에 대해서는 어떻게 생각해?"

"나 원. 여자하고 남자하고 다른 게 뭐냐고. 아랫도리만 다른 거잖아. 그리고 여성의 발달한 가슴. 끝. 아 참! 남자는 목 아래에 뼈가 튀어나오는 구나!"

"그러면 네가 생각하기에 성은 XX냐 XY냐는 염색체의 차이일 뿐인데, 사회적 풍습? 이랄까 그런 것 때문에 여자는 분홍하고 남자는 파랑으로 정의하는 것은 잘못되었다, 이런 말이지?"

"응. XX와 XY의 차이일 뿐인데 왜 분홍, 파랑이야?"

"그러 게. 엄마는 한 번도 그런 것에 대해서 생각해 본 적이 없는데 언제부터 분홍과 파랑이었을까?"

"모르지 난."

"성性의 차이에 대해서 생각나는 게 있어. EBS에서 방송되었던 건데 검지와 약지 길이의 차이를 가지고 남성형 뇌를 가진 아이인지 여성형 뇌를 가진 아이인지를 구분하는 거였거든. 물론 남성적인 뇌냐 여성적인 뇌냐 하는 말에 네가 반박을 하겠지만. 남성적인 뇌는 이성적이고 논리적이고 여성적인 뇌는 공감하고 감성적인 뇌를 이야기해. 양손을 프린트해서 검지와 약지의 차이만을 비교해서 성별을 맞추는 거야."

"그 이야기 들었어. 손가락 길이를 비교해서 성격을 맞춘다는 이야기."

"그때 결과가 83:17으로 나왔어. 83은 남성의 몸에 남성형 뇌를 가지고 있는 사람. 17은 남성의 몸인데 여성형 뇌를 가지고 있는 사람이라는 거야. 여자의 경우도 마찬가지래. 학교 교실에 들어가서 아이들끼리 지내는 모습을 촬영했는데 어떤 남자아이가 말이 무척 많데. 친구들한테 물어보니까 그 애 별명이 '아줌마'라는 거야. 말도 많고 눈물도 많고 잔소리도 많다고 해. 또 다른 교실에서는 큐브 맞추기를 했는데 예상외로 여자아이가 1등을 한 거야. 학교에서 수학 영재로 뽑힐 정도로 수학이나 과학을 잘한데. 그 아이 엄마는 아이가 지나칠 정도로 활달해서, 다른 여자아이들처럼 섬세한 면이나 예쁜 인형을 탐내는 면도 있으면 좋겠다고 덧붙였데."

손가락 길이 비율(검지 길이+약지 길이)은 둘째손가락 즉 검지와 넷째 손가락 즉 약지의 비율로 정의할 수 있다. 검지는 출생 전 에스트로겐에 민감하고 약지는 출생 전 테스토스테론에 민감한 것으로 추정된다. 그래서 검지에 비해 약지가 상대적으로 길면 길수록 출생 전 테스토스테론에 많이 노출되었던 것이라고 볼 수 있다. 즉 검지가 긴 경우 여성호르몬을 많이 가졌으므로 여자일 확률이 높고, 약지가 길면 남성호르몬을 많이 가졌으므로 남자일 확률이 높다는 것이다. 난자와 정자가 수정한 뒤, 태아가 남자면 테스토스테론이 빠르게 분비된다. 테스토스테론은 부신에서도 분비되므로 여자 태아도 이를 만들어 내기는 하지만, 남아가 좀 더 많이 만들어 낸다. 매닝 교수는 이러한 이론을 뒷받침하는 증거로 영국의 프로축구 선수들의 손가락 길이 비율을 예로 들었다. 영국의 프로 축구 선수 305명을 분석했을 때 그중 국가대표 선수들은 상당히 남성적인 손가락 비율을 가졌다. 그리고 주전 선수가 후보 선수보다 더 남성적인 손가락 비율을 가졌다. 프리미어 리그 선수들은 하위 리그 선수들보다 더욱 남성적인 손가락 비율을 가졌다. 진화론으로 추정해 보면 생식기관 발생기가 팔다리 발생기와 일치하는 것으로 분석된다.

테스토스테론이 많을수록 우뇌가 더 빨리 발달하고, 이에 비해 좌뇌는 느리게 발달한다는 것이다. 결국 테스토스테론이 많은 남자아이는 우뇌가 우세하다는 것이다. 남자아이들에게 왼손잡이가 비교적 많은 이유도, 여자아이보다 말을 잘 못하는 이유도 모두 테스토스테론으로 설명된다.

최근 성의 차이를 연구하는 세계적인 학자들에 의하면 우수한 극소수의 사람들은 양쪽 뇌의 특징이 공존하는 것으로 나타났다. 캠브리지대학의 심리학 및 실험심리학 교수인 사이먼 배런 코헨 등의 공동 논문 〈공감 · 체계화 능력과 자폐증〉에서는 전체 인구 중 17%가 반대 성의 뇌를 가졌다고 한다.

83대 17. 남성적인 뇌를 가진 여자, 여성적인 뇌를 가진 남자. 그들은 분명 83%보다 훨씬 적은 수임은 분명하다. 하지만 그 17%의 소수를 이해할 때 인간의 지평은 더 넓어질 것이다.

- 정지은 · 김민태 · 오정요 · 원윤선 《아이의 사생활》

"엄마가 이것을 알고 나니 사람을 이해하는데 커다란 도움이 되더라고. 헉! 아빠가 그런 것 같아."

이야기를 하다가 갑자기 남편이 생각나서 나도 모르게 '헉'소리가 나왔다.

"아빠가 그런 가? 엄마도 그렇지 않아?"

"그런 것 같아. 아빠도 엄마도 17%인 것 같아."

"진짜? 엄마하고 아빠하고 신기하다. 엄마 그런데 남성적인 뇌냐 여성적인 뇌냐는 말 자체가 틀린 거야."

"그러니까 아까 내가 말했잖아. 네가 그것에 대해서 불편해 할 거라고. 그럼 뭐라고 하면 좋을까?"

"이성의 뇌. 감성의 뇌라고 하면 좋을 것 같아. 그런데 왜 구지 남성적인 뇌냐 여성적인 뇌냐는 말을 붙이냐고! 뇌는 쓸수록 발달하는 거야. 뇌는 살면서 어떤 쪽으로 사용하느냐에 따라 달라. 내가 태어날 때부터 말을 잘했어? 태어나면서부터 책하고 사람 좋아했냐고."

"태어날 때부터 책하고 사람을 좋아하진 않았지. 아니 좋아했나? 하도 예전 일이라 기억이 가물가물해. 하하. 아이 둘을 키워 본 경험에 의하면 타고 나는 것도 있고 환경에 의해서 길러지는 것도 있는 것 같아."

"엄마 나는 아이가 길러지는 과정에서 차이가 난다고 생각하거든. 남자는 잘하는 과목이 뭐야?"

"수학."

"여자가 잘하는 과목은?"

"언어 쪽? 무엇을 근거로 그 이야기를 했을까?"

"수학이나 과학을 잘하는 사람들이 사회적으로 진출하기 수월했기 때문에 그럴 수도 있어. 지금까지 주로 남성들이 사회적으로 높은 지위를 차지했잖아. 예전부터 수학자와 철학자는 주로 남성이었는데 그 남성 학자들 때문에 묻힌 여성 수학자와 철학자가 얼마나 많은지 알아? '히든 피겨스*'라는 영화가 있어."

여성이 사회에서 심각하게 차별받고 있다고 느끼는 딸이 행복하지 않겠다는 안타까운 마음이 들었다.

집에서라도 차별하지 말아야지.

* 히든 피겨스(Hidden Figures, 2016)
천부적인 수학 능력을 지닌 흑인 여성 캐서린 존슨, NASA 흑인 여성들의 리더이자 프로그래머 도로시 본, 흑인 여성 최초로 NASA 엔지니어를 꿈꾸는 메리 잭슨의 이야기를 다룬 영화

5

퇴근하고 집에 먼저 오는 사람이
집안일하기

5시, 현관문을 열고 들어온 아들이 말했다.

"엄마. 배고파."

"배고프지? 뼈해장국 사 왔어. 그거 먹을까?"

"아니. 햄버거 먹고 싶어."

"햄버거? 그… 그래."

학원에서 돌아온 딸과 셋이 저녁 식탁에 둘러앉았다. 나는 뼈해장국을
아이들은 햄버거를 먹으며 대화를 나누었다. 이번 주에 벌써 두 번째로
배달시켜 먹는 햄버거다.

"우리 먹으면서 '남자라면 이런 것이 좋겠다.'에 대해서 이야기해 보자."

"남자들은 서서 쉬해서 좋겠다. 추울 때 바지 안 내리고 쉬해도 되잖

아. 엉덩이 얼마나 시린데."

딸이 말했다.

"나 어릴 때 바지 내리고 쉬했는데?"

아들이 말했다.

"야. 우리는 어릴 때나 지금이나 똑같아. 바지 내리고 쉬해야 해."

딸이 따지듯 말했다.

"하하하. 맞아. 여자들은 바지를 내리고 소변을 봐야 하기 때문에 화장
실 사용 시간이 오래 걸려. 기차역이나 영화관 같은 곳에 가면 여자 화장
실은 줄이 밖까지 길지."

내가 말했다.

"엄마. 그건 남자는 소변과 대변 변기가 구분되어 있기도 하고 여자 변
기 수가 남자 것보다 적어서 그래."

"남자 소변기와 좌변기 개수를 합한 것보다 여자 좌변기 개수가 적어
서 그렇다는 거야? 개수가 적은 데다가 여자들은 바지를 내려야 하니 시
간도 오래 걸리고. 그런 뜻이니? 딸?"

"둘 다. 그래서 한때 남자 변기 개수와 여자 변기 개수를 똑같이 하기
로 했데."

"어머. 그러니? 어디 찾아보자."

자신을 현직 교사라고 밝힌 글쓴이는 '요즘 학교 화장실 근황'이라는 제목으로
'소변기 개수가 공간에 비해 너무 적다.'고 지적했습니다.

그는 "학교 리모델링을 했는데 새로 만들어진 화장실에 소변기가 저렇다. 10명이 넘는 학생이 사용하는데 저렇다. 왜 그러냐고 따져 보니 법에 있다고 했다."고 말했습니다.

실제로 공중화장실 등의 설치 기준 제7조에 따르면 일반적으로 공중화장실 등은 남녀 화장실을 구분해야 하며, 여성 화장실의 대변기 수는 남성 화장실의 대·소변기 수의 합 이상이 되도록 설치해야 합니다.

- MBN뉴스, 2018. 11. 20.

〈"男 화장실에 공간 있는데 변기 설치 못 한다?"…황당한 공중 화장실법〉

"얘들아 사진 봐봐. 남자 화장실에 여유 공간이 이렇게 넓은데 공중 화장실 법 때문에 남자 소변기를 더는 설치할 수 없다고 해. 10명이 넘는 아이들이 사용한다는데 소변기가 두 개뿐이네."

"어디. 엄마? 와, 정말 그러네."

"화장실 이야기가 나오니까 생각나는 게 있어. 터프 가이로 많은 여성의 사랑을 받는 최민수라는 배우가 있거든. 그 배우는 집에서는 앉아서 쉬한데. 어느 날 아내가 무릎을 굽혀서 변기 닦는 모습을 보고 안타깝고 안쓰러웠데. 아내가 저런 고생을 하기 전에 내가 앉아서 볼 일 봐야겠다고 생각했데."

"와! 멋지다. 엄마."

"그치? 아내를 위한 배려지. 그 당시 '터프 가이 최민수가 아내를 위해서 앉아서 소변 본다'고 해서 엄청난 파문이 일었어."

"엄청난 파문이 일 정도였어? 남자들은 소변을 본 뒤에 손을 안 씻는 경우가 있더라고. 진짜 더럽지?"

"응. 한울이는 손 씻어?"

내가 물었다.

"응."

1초의 망설임도 없이 대답한다.

"씻는 것 같아. 아까 손 씻는 소리 들었어."

"남자들은 더운 여름에 브래지어 안 해도 되잖아. 정말 부러워."

"엄마. 그거 운동하잖아. 노 브라 운동."

"노 브라? 그런데 여자가 노 브라하면 젖꼭지가 옷에 배겨서 좀 그런데. 시선을 어디에 두어야 할지 참… 좀 그래."

"그거. 엄마. 패치 있어. 패치 붙이면 돼. 남자들은 위에 꽉 끼는 와이셔츠나 티셔츠 입어도 뭐라고 안 하잖아."

"그 사람 앞에서는 뭐라고 안 하지만 보기 불편하지. 시선 처리가 참 난감해. 엄마는 수영장 갔을 때 위에 수영복을 안 입은 남자들 보기가 민망하더라고. 사실 옷은 내 몸을 보호하기 위해서 입기도 하지만 다른 사람에 대한 예의거든."

"옷차림이 예의라고?"

"응. 버츄virtue 카드 '절도'에 보면 이런 내용이 있어. '내 옷차림에는 나 자신과 주변 사람들에 대한 존중이 나타나 있습니다.'라고."

"아…."

딸이 낮은 탄성을 질렀다.

"어디서 들었는데 동양 여자들은 치마를 점점 짧게 입고, 서양 여자들은 노 브라인데 가슴을 자꾸 판데. 그래서 서로를 이해 못한데."

"하하하. 재미있다. 엄마. 진짜 그러네."

"재미있지? 참 문화가 다른 것 같아. 대화하면서 엄마가 검색을 해 보니까. 이런 기사가 있네. 〈김정일, 러시아 다녀온 뒤 '가슴 파인 옷, 짧은 치마 단속해'… 걸리면 옷을 칼로 찢어〉."

"에? 칼로 옷을 찢는다고?"

아들이 화들짝 놀라 입을 벌렸다.

북한 김정일 국방위원장이 최근 러시아를 다녀온 뒤 평양 여성들의 옷차림을 대대적으로 단속하라고 지시한 것으로 알려졌다. 29일 북한 전문 매체 데일리NK에 따르면 김정일이 러시아에 다녀온 직후인 지난달 말부터 여성의 옷차림에 대한 단속이 강화됐다. 평양의 한 소식통은 "(김정일이) 기차를 타고 오면서 국경 지대 남성들이 윗도리를 벗고 있거나 옷차림이 대담한 여성들을 보면서 화를 냈다."라고 전했다.

요즘 평양 젊은 여성들 사이에서는 스키니진과 비슷한 일명 '빵때바지'가 큰 인기다. 레이스 달린 치마를 입는 여성들도 있다. 그러나 이런 옷차림은 모두 단속 대상이다. 장식이 지나치게 화려하거나 그림과 글자가 많은 옷도 단속에 걸린다.

단속반들은 일일이 규제를 할 수 없어 우선 몸에 딱 달라붙거나 가슴이 깊게 파인 옷, 짧은 치마, 영어가 씌어져 있는 옷을 중점적으로 단속하고 있다. 단속에 걸린 사람은 인민반에 불려가 '외국물이 너무 많이 들었다.'며 비판당하고, 총화 작업을 세게 한다고 한다.

그러나 정작 여성들의 옷차림은 변하지 않고 있다. 소식통은 "장마당에는 여전히 한국 중고 옷이나 화려한 옷을 파는 사람들이 많다."며 "주민들도 '옷이 예쁘다'며 구입해 단속을 피해 입고 다닌다."고 전했다. 심지어 단속에 거세게 항의하는 일도 있다. 소식통은 "규찰대가 '이상한 치마를 입었다'며 지나가던 여자의 옷을 칼로 찢고 길에 세웠다."며 "그런데 한 주민이 '숙녀를 이렇게 해도 되는 것인가. 이게 우리가 주장하는 사회주의가 맞나.'라며 꾸짖었다."고 전했다.

- 온라인 중앙일보, 2011. 9. 30.

〈김정일, 러시아 다녀온 뒤 '가슴 파인 옷, 짧은 치마 단속해'…걸리면 옷을 칼로 찢어〉

"가슴이 깊게 파인 옷, 짧은 치마, 영어가 쓰인 옷을 중점적으로 단속한데. 칼로 옷을 찢는다고, 북한 무섭다."

"진짜 무섭다, 엄마."

"다른 건 뭐가 있을까?"

내가 물었다.

"남자는 밤늦게 혼자 다닐 수 있고, 화장실 혼자 가도 괜찮아. 여자는 화장실 범죄가 많아서 친구랑 같이 가야 해. 남자는 아직도 사회에서 갑의 위치에 있어."

"100%는 아니지만 여자들은 결혼하면서 남자 한 명 믿고 아는 사람 한 명 없는 곳으로 가지. 직장도 그만두고 부모 곁을 떠나서. 남자 하나만 바라보고 오는 거지. 캬, 사랑은 위대한 거야."

"외국에서는 요즘 바뀌고 있어. 영화에서도 예전에는 사랑을 위해서 여자가 다 포기하는 거였는데 요즘은 남자가 '내가 당신을 위해 포기할 게. 내가 당신의 세계로 가는 것뿐 당신은 그냥 당신의 일을 하세요.'라 고 바뀌는 추세야. "

"오, 그래?"

"근데 엄마. 왜 한 사람만 희생해? 둘이 공평하게 제3의 도시에 가서 살면 안 돼?"

"제3의 도시로 가는 게 과연 올바른 방법일까? 딸은 희생이라는 단어 를 사용했는데 엄마는 그것을 희생이라고 생각하지 않아. 사랑이고 나 의 선택이라고 생각했지."

"선택? 오! 엄마 멋지다. 요즘 맞벌이 가정이 늘고 있잖아. 똑같이 일을 하고 집에 돌아와서 집안일은 누가 해?"

"아마. 주로 여자가 하겠지. 정확한 수치가 있는 건 아니지만. 성연이 네는 퇴근하고 집에 먼저 도착하는 사람이 집안일을 하기로 정했데. 먼 저 집에 오는 사람이 설거지하고 집을 치우고 저녁 준비를 하는 것으로 했다네. 참 지혜로운 방법이라고 생각해."

"그러네."

"남자라서 나쁜 것은 무엇이 있을까?"

"포경 수술. 무섭잖아."

아들이 말했다.

"그렇지. 아기 낳는 것도 무서워."

"아기 낳는 게 왜 무서워?"

"사람이 느끼는 고통 중에 3위가 출산의 고통이야. 지금 검색해 보니까. 1위는 몸이 불에 타는 고통. 2위는 발가락이나 손가락이 절단되는 고통. 3위가 자연 출산의 고통이래."

아들은 아기 낳는 게 무섭다는 내 말을 듣고는 입을 벌리고 놀랐다. "그게 왜 무서워?"라고 묻기도 했다. 출산의 고통이 사람이 느끼는 고통 중 3위라는 이야기를 하니 아들은 더욱 놀란 듯하다.

남자라면 이런 점이 좋겠다 혹은 나쁘겠다로 이야기를 나눴는데 군대 이야기가 나오지 않았다. 아마도 남편이 대화에 참석하지 않아서 인 듯하다. 군대냐 임신과 출산이 더 힘드냐로 누가 더 힘들고 불행한지 배틀을 해야 하는데 말이다. 그런데 중요한 것이 하나 있다. 출산은 두렵고 고통스럽지만 여자로 태어나 세상에 큰일을 하나 한 듯한 뿌듯함이 있다는 것이다.

6

우리가 알아야 할 것은
가해자의 신상이야

"딸. 신문이나 뉴스에 딸을 열받게 하는 기사에 대해서 이야기해 보자."

"뉴스에 '무슨 여'라고 쓰잖아. 나 그거 진짜 싫어. 왜 피해자 성별을 그런 식으로 써? 우리가 알아야 할 것은 피해자가 아니라 가해자의 신상이야."

기다렸다는 듯이 불만을 쏟아 내는 딸.

"'된장녀', '도시녀' 그런 거 말이니?"

"아니."

"아니야? 그럼 뭐지?"

"뉴스 제목에 '11세 여' 이렇게 쓰는 거 말이야. 우리가 알아야 하는 건 피해자의 신상이 아니야. 가해자의 신상이라고."

딸은 가해자의 신상이라고! 힘주어 말했다.

"피해자를 보호해 주어야지. 음… 그렇긴 한데 보도하려면 가해자와 피해자의 성별이나 나이 모두를 기재해야 하지 않을까? 유사 범죄를 예방하기 위해서. 엄마가 이렇게 말은 하고 있지만 딸의 말을 듣고 보니 그동안 몰랐던 것이 깨달아진다. 피해자는 피해를 봤는데 신상이 노출되니 억울하겠다."

"그렇지. 그리고 강간을 강간이라고 쓰지 왜 기사에 몹쓸 짓이라고 쓰는 걸까? 몹쓸 짓은 학교 폭력이나 동물을 못살게 굴어도 쓸 수 있잖아. 강간이라는 단어 대신 '몹쓸 짓'이라는 단어를 쓰는 건 너무 약해."

"그 단어가 약한가? 그런가? 강간의 정의가 뭐지?"

"폭력이나 협박처럼 양측 간에 합의되지 않은 성관계."

"몹쓸 짓은?"

"잠깐만 엄마. 찾아보자. '악독하고 고약한 짓'이라고 나오네."

"그럼 강간이나 성추행, 성폭행 같은 기사에 몹쓸 짓이라고 나온 기사를 찾아보자."

전남 광양경찰서는 1일 내연녀를 상습 폭행한 혐의(감금 치상 등)로 최 모(51) 씨를 구속했다. 경찰에 따르면 최 씨는 지난달 30일 자신과 6년간 내연관계에 있던 이 모(38) 씨를 순천시 상사면 한 야산 창고에 감금한 뒤 밧줄로 양손과 발목을 묶고 성폭행한 혐의를 받고 있다.

또 최 씨는 2001년 이 씨가 다른 남자를 만난다는 이유로 공동묘지로 끌고 가 이

씨의 몸에 석유를 뿌린 뒤 불을 붙일 듯이 협박했고 2003년 7월에는 이 씨의 아파트에서 이 씨의 옷을 벗긴 뒤 양 발목을 손으로 잡고 17층 베란다 밖에 거꾸로 매다는 등 상습적으로 폭행을 행사한 혐의를 받고 있다.

- 한겨레, 2006. 11. 1. 〈내연녀에게 상습적으로 '몹쓸 짓'〉

충남 공주시 이인면에서 정신지체장애가 있는 여중생을 잇달아 성폭행한 혐의로 마을 주민 9명이 구속됐다. 공주경찰서는 한마을에 사는 지적장애 3급 여중생 이모(14) 양을 유인해 성폭행한 혐의로 지난 4월 이 모(75) 씨 등 3명을 구속한 데 이어 최근 김 모(58) 씨 등 6명을 같은 혐의로 추가 구속했다고 22일 밝혔다.

경찰에 따르면 피의자 이 씨 등 9명은 2008년부터 지난 3월 사이 이 양이 성폭행을 당해도 크게 반항하거나 도움을 요청하지 못하는 점을 악용해 용돈을 주거나 물품을 사 준다며 자신의 집과 차량 등으로 유인한 뒤 이 양을 성폭행한 혐의를 받고 있다. 경찰은 "아버지와 아들이 따로 성폭행에 가담한 사례도 있는 것으로 조사됐다."고 말했다. 이 같은 사실은 지난 3월 담임교사가 상담하는 과정에서 이 양이 어려운 집안 형편에도 불구하고 '이웃 주민이 사 줬다'는 휴대전화를 소지하고 있고, 이상한 행동을 보이는 점을 의아하게 여기면서 꼬리가 잡혔다.

- 조선닷컴, 2010. 7. 23. 〈父子포함 한마을 주민 9명 정신지체 여중생에 '몹쓸 짓'〉

A양(7)은 평소와 다름없이 지난달 30일 밤에도 공부를 마치고 거실에서 잠이 들었다. 집 근처 지역아동센터에서 저녁 늦게까지 공부하고 돌아와 자는 평소 일과대로였다. 술을 마시고 들어온 아빠는 안방에서 잤고 오빠와 언니, 여동생은 거실

에서 A양과 함께 잠들었다. 어머니 B씨는 밤 11시쯤 TV 드라마를 보다 아이들이 자는 것을 확인하고 PC 방으로 갔다. 평소 밤잠이 오지 않을 때 PC방에 가서 컴퓨터 게임을 하고 돌아오는 습관이 있었다.

오전 1시쯤 낯익은 동네 청년 고종석도 PC방에 왔다. 그는 다른 곳에서 술을 몇 잔 마신 상태였다. 고종석은 A양의 부모에게 평소 '누님' '매형'이라 부르는 사이였다. 그는 B씨에게 인사한 뒤 "애들은 잘 있느냐?" "매형과도 한잔하자."고 말했다. 그는 20여 분간 게임을 즐긴 뒤 먼저 PC방을 빠져나와 A양의 집으로 향했다. 문은 밖에서도 열 수 있는 상태였다. A양이 눈을 떴을 때엔 이미 괴한의 품에 이불에 싸인 채로 안겨져 있었다. 태풍 덴빈의 영향으로 비바람이 몰아치는 밤거리였다. "살려 주세요."라고 A양은 애원했다. 하지만 괴한은 "삼촌이니까 괜찮다. 같이 가자."며 발걸음을 재촉했다. 괴한은 엄마를 '누님'이라 부르던 고종석이었다.

그는 4분 여를 걸어 영산강 강변도로에 도착한 뒤 곧장 영산강 둔치로 내려가 몹쓸 짓을 저질렀다. A양을 협박하느라 뺨을 깨물기도 했다. 그러고는 알몸 상태로 A양을 방치한 채 사라졌다. 인근 수퍼에 들어가 현금 36만 원을 털고 찜질방에서 잠을 잔 그는 31일 오전 일하러 가는 것처럼 꾸며 순천으로 달아났다.

A양 집까지 거리는 300m. A양은 있는 힘을 다해 도로 인도까지 올라갔으나 더 는 발걸음을 옮기지 못하고 쓰러졌고 정신을 잃었다. 그 사이 어머니 B씨가 집으로 돌아온 시각은 오전 2시 30분쯤. B씨는 경찰에서 "아이가 자고 있는 것을 봤다."고 했다가 나중엔 "못 본 것 같다."고 진술했다. 잠이 들었다가 오전 3시에 한 차례 깼을 때는 분명히 A양이 거실에 없는 것을 알았다. B씨는 "다른 아이 기저귀를 갈아 주려는데 아이가 없길래 안방에서 아빠와 같이 자나 보다 생각했다."고 말했다.

A양이 실종된 것을 알아차리고 경찰에 신고한 건 오전 7시 30분이었다. 경찰은 5시간 이상 지난 뒤에야 수색에 나섰다. 성폭행으로 인한 공포와 통증, 추위 속에서 정신을 잃었던 A양은 오후 1시쯤 영산강변 도로에서 발견됐다. 범행 11시간이 지난 뒤였다.

- 중앙일보, 2012. 09. 01. 〈피해 여아 몹쓸 짓 당한 뒤 집가려 안간힘쓰다〉

"성폭행 관련 기사 제목에 '몹쓸 짓'이라고 쓴 것을 쉽게 찾을 수 있네. 이런 표현을 쓰는 것이 범죄의 내용에 비해서 약하고 그런 게 화가 난다는 거지? 엄마는 이런 기사 읽고 보니 단어의 쓰임보다는 내용이 가슴이 아프다. 이런 범죄가 일어나는 사회가 안타깝네. 정신 지체 아이 기사를 읽으니 영화 '도가니' 생각도 나고 눈물이 난다."

"그치 엄마. 그렇다니까. 대한민국에서 여자로 사는 게 얼마나 어려운데."

"그동안 너희 키우느라 대한민국에서 여자로 사는 게 어렵다는 생각은 안 해 봤는데…."

이렇게 말하면서 동시에 여자로 무시받았던 삶을 생각해 보았다.

"말하면서 생각났는데, 무시당한 여자의 삶이라면 명절에 시댁 주방을 떠나지 못하는 것이야. 여자를 존중해 주지 않는 시댁 분위기. 지금은 아버님이 돌아가시고 많이 누그러졌지. 강간은 아까 알아봤고. 성추행하고 성폭행하고 어떻게 다른지 한번 찾아봐야겠어. 인터넷 사전에 이렇게 나온다. 성추행은 일방적인 성적 만족을 얻기 위하여 물리적으로 신체

접촉을 가함으로써 상대방에게 성적 수치심을 불러일으키는 행위. 성폭행 강간强姦을 완곡하게 이르는 말."

"왜 엄마. 기사에 '강간'이라는 직접적인 단어를 안 쓰고 '몹쓸 짓'이라는 말을 써? 이해가 안 돼."

"글쎄… 언론은 좋은 일, 따스한 일을 보도하기보다는 나쁜 일, 특히 사람들이 봤을 때 시선을 집중할 수 있는 사건을 보도하는 특징이 있어. 왜냐하면 시청률이나 구독률을 올리기 위해서지. 너희들이 그런 분별력을 가지고 신문이나 뉴스를 봤으면 좋겠다."

강간 기사에 쓰인 '몹쓸 짓'이라는 단어가 왜 딸의 눈에는 거슬릴까? 내가 둔감한 걸까? 많은 생각을 하게 된다.

7

결혼은 안 할 거지만 이상형은 있어

"오늘의 주제는 '결혼은 안 할 거지만 이상형은 있어.'야. 딸, 주지훈 생일이 며칠이라고?"

"1982년 5월 26일. 올해 서른아홉."

"와. 보기보다 나이 많다."

"나이는 많지만 잘생겼잖니? 얼굴 어디를 봐도 그 나이로 안 보이잖아?"

"딸. 그럼 아빠 생신은?"

"아빠? 음력 9월인데?"

"오! 음력 9월 맞았어. 역시 주지훈 생일은 알고, 아빠 생신은 년도도 날짜도 모르네. 딸의 이상형은 뭐니? 엄마는 한 개 알 것 같아. 아니 두 개 알 것 같아. 딸, 엄마한테 뭐냐고 물어봐야지."

"뭔데?"

"수빈이 말을 잘 들어야 한다. 하하하. 다른 한 개는 남녀 차별 발언을 하면 안 된다. 양성평등주의자여야 한다. 맞지?"

"주지훈은 남녀 차별 안 해?"

아들이 물었다.

"그 사람 생각은 모르지. 개인적으로 만나 보지 않았으니. 수빈이는 주지훈의 어떤 면이 좋아? 잘생겨서?"

"응."

딸의 입이 'U'자를 그리고 눈은 이미 안드로메다로 간 듯 보였다.

"제일 처음 본 주지훈 나오는 영화는 뭐야?"

"신.함.일."

"신.함.일? 그게 뭐지?"

"〈신과 함께〉 일 편. 최근에 학교에서 〈암수살인〉 봤는데 머리 다 깎고 나왔어."

"스포츠로?"

"스포츠는 아니고 짧게. 범죄자로 나왔거든."

"아하. 이상형 또 이야기해 줘."

"그냥 이상한 말만 안하면 돼. 여성스럽지 못하다 뭐 그런 말."

"아하. 역시. 수빈이답네."

"나는 머리가 짧다고 뭐라고 하는 놈이랑은 바로 헤어진다."

딸이 말했다.

"하하하. 역시. 머리 짧다고 하는 놈이랑 바로 헤어진데. 딸은 '여자가 조신하지 못하게' 이런 말하면 당장 안 만날 것 같아."

오늘도 역시 웃음이 빵 터진다. 나는 '여자가 조신하지 못하게' 하고 말할 때는 목소리를 예쁜 척 변조해서 말했다.

"안 만나는 게 아니라 뒷산에 콱 암매장할 거야."

"아들아. 뒷산에 암매장한데. 무섭다. 그리고 또?"

"임신과 육아를 강요하지 않는 사람. 애 낳을까? 하고 의사를 묻는 남자."

"의사를 묻는 남자? 어우. 젠틀^{gentle}하다."

"젠틀한 게 아니고 원래 그래야 되는 거야. 엄마 치킨 먹고 싶다."

"밥 먹고 있는데 치킨 먹고 싶다고?"

"응. 먹고 싶어요."

딸은 순정 만화에 나오는 여주인공처럼 두 눈을 초롱초롱 빛내며 나를 쳐다보았다.

"난 피자."

아들이 말했다.

"딸은 치킨, 아들은 피자? 지금 밥 먹고 있는데 또 먹을 수 있어?"

"응. 피자 먹자."

딸이 피자로 메뉴를 바꾸었다. 나는 피자를 주문하고 이야기를 계속했다.

"집안일 잘하는 남자가 좋아?"

"엄마 내가 집안일을 잘 못 해. 내가 손을 대면 다 부서져. 그래서 집안일 잘하는 남자가 좋은 거야."

"하하하. 진짜? 집에서 집안일 하는 거 보니 안 부서지던데?"

"빨래하고 설거지하는 건 괜찮아. 거기서 더 나가서 대청소해 봐. 다 부서진다니까."

"맞아. 누나는 힘이 세서 와장창 다 부서질 거야. 괴력 여야. 아랫집에서 시끄럽다고 올라오는 거 아니야?"

"아랫집에서 올라오기만 하면 다행이다. 민원 들어와서 아파트에서 쫓겨날 수도 있어."

딸이 말했다.

"하하하. 또 있어? 외모는?"

"외모는 중간이라고 하기에는 애매한 남자들이 있어. 못생기거나 잘생기거나 둘 중 하나야."

"이왕이면 잘 생긴 쪽이 좋겠네? 키는?"

"키는 상관없는데 그런 거 있잖아. 150cm 안 되서 위에 있는 거에 손이 안 닿고 그러면 귀찮을 것 같아."

"남자가 키가 150cm가 안 되서 높은 곳에 있는 물건을 너한테 꺼내 달라고 하면 귀찮다는 거지?"

"응. 나한테 해 달라고 하면 귀찮아."

"하하하 귀찮데. 딸 그럼 국적은?"

"내가 다른 나라 남자랑 결혼하면 외국인 가정이 되는 거야."

"다문화가 아니고?"

"아니야. 남자는 한국인이고 배우자가 외국인일 때 다문화 가정이지. 남편이 외국 사람이면 외국인 가정이야."

"아. 맞다."

내가 말했다.

"얼마나 차별적이야? 그래서 그냥 그 나라로 가려고."

딸은 두 손을 박수 치듯 마주하며 이야기했다.

"중국의 어느 한 지방에 있는 남자들이 집안일을 잘 한데. 집안일 안 하는 남자는 취급 안 해 준데. 나 그것도 봤다. 한국 연예인이 중국에 갔는데 길가에서 꽃 파는 아이가 있었어. 중국인 남성이 꽃 파는 아이한테 저기 저 여자분한테 꽃 한 다발 드리고 오라고 했데. 완전히 달콤해."

"와! 진짜? 멋지다. 로맨티스트네. 엄마는 전에도 이야기했지만 외국인 사위는 좋아. 그런데 수빈이가 일본에 관심이 많잖아. 일본인 사위는 위안부 문제도 있고 역사적으로 볼 때 마음에 걸려."

"일본 사람이랑 결혼한다는 건 미친 짓이야."

"왜 일본 사람은 좀 그래?"

아들이 물었다.

"일본은 성차별이 엄청 심해."

"누나는 만날 일본 갈 거야. 일본 갈 거야. 하면서 일본 싫다는 말을 하네?"

"내가 가서 성차별하는 사회 문화를 뒤엎어 버리려고."

"누나는 일본 가수 좋아하잖아."

"일본 가수가 아니라 싱어송라이터지. 너무 뚱뚱한 건 싫어. 깔려 죽을 것 같아."

"깔려 죽어? 그거 야한 거니?"

딸 얼굴 가까이 다가가서 물었다. 묻고 나자 웃음이 터져 나왔다.

"미치겠다, 엄마. 진짜."

딸이 고개를 들지 못하고 웃었다.

"하하하. 내가 말해 놓고 웃겨서 코피 나오려고 해."

"난 코피 안 나와. 코피 안 나. 만날 학교에서 애들하고 이야기하는데 이 정도로 코피 나면 안 돼지."

"하하하. 만날 학교에서 애들하고 야한 이야기하는데 이 정도로 코피 나오면 큰일난다고? 우리 딸 솔직하다."

"학교에서 애들하고 대놓고 이야기해. 심지어 '섹스'에 관해서도."

"하하하. 뭐 그건 그냥 '섹스'라고 말하는 거지. 뭐."

"아이들은 'Sex on the beach'라는 노래 부르고 그래. 클럽 노래."

"그런 노래가 있어? 제목이 노골적이다. 딸의 이상형을 정리해 주세요."

"외모를 가꾸는 사람이 좋아. 화장하면 더 좋아."

"화장하는 남자가 좋아? 오 마이 갓!"

"엄마. 남자가 화장한다니까 싫지? 여자가 하는 건 당연하고?"

"엄마가 고등학교 때 인천에서 온 남자애가 있었거든. 전교에서 1, 2 등하는 애였어. 그런데 걔가 그 당시에 화장을 하고 다녔어. 엄청나지?

1994년도 이야기야. 놀랍지 않아?"

"화장하면 자기 외모를 가꾼다는 거잖아. 그게 좋아. 욕 안 하는 남자. 자신이 세게 보이려고 하는 욕은 싫어. 물론 남자들끼리 친해서 쓰는 욕은 괜찮아. 센 척하려고 쓰는 욕은 유치하고 시시하고 기분 나빠. 집안일 잘하는 남자. 나를 지지해 주는 남자."

"지지해 준다면 어떤 면으로? 집안일? 돈으로?"

"돈이면 더 좋지."

"엄마도 돈 좋아. 미래의 사위야. 장모님 용돈 좀 많이 드리고 그래라. 하하하."

"근데 내가 벌 거야. 난 돈 많이 벌 거거든. 차별적 발언을 숨 쉬듯이 하는 유교 맨^{남존여비의 유교 사상이 가득한 남자}이 만나자고 하면 뒷산에 매장할 것 같아. 살인나기 전에 내가 총대를 메는 거지."

딸과의 대화가 유쾌하다. 외모를 안 본다고 하면서도 이왕이면 잘 생긴 남자를 좋아하는 것은 딸이나 나나 마찬가지네.

3장
딸 마음 가는 대로

1

역시 우리는 뒤끝 있는 A형이야

"딸하고 이야기하면서 처음 들어보는 말이 많았는데 그중 하나가 유사 과학이야. 오늘은 그것에 대해서 말해 보자."

"나도 처음 들었어."

"수빈이도 처음 들었어? 언제 들었는데?"

"올해."

"그렇구나. 유사 과학 이야기하면서 딸이 말했던 것이 혈액형이었어."

"혈액형 성격설. 그거 완전 뻥이야."

"완전 뻥이야? 사실이 아닐 거라는 생각은 들었지만 경험으로 미루어 보면 그렇다고 완전히 안 맞는 것은 아니더라. 혈액형 성격설 한번 찾아 봐야지."

- A형의 장점 : 부드럽고 온화한 분위기를 가진 A형은 되도록이면 남에게 피해를 주지 않으려고 하며 상대방의 이야기를 차분히 잘 들어준다. 나이 많은 사람에 대한 예의가 깍듯하며 품위를 중요시한다. 노력파가 많고 어떤 일이 완벽하게 되지 않으면 직성이 안 풀리는 편이다. 책임감이 강해 약속은 반드시 지킨다.

- A형의 단점 : 사소한 일에 지나치게 신경을 쓰고, 예민하기 때문에 자칫 신경질적일 수 있다. 그래서 투덜투덜 불평을 자주 하거나 매사를 나쁘게 생각하려는 비관주의자가 다소 있다. A형은 사람을 쉽게 믿지 못하기 때문에 자신의 기분을 솔직히 전달하는 데 서툴다.

- B형의 장점 : 대부분 애교가 많고 씩씩하다. 허세 부리지 않는 성격이 주위 사람들에게 친근감을 유발한다. 호기심이 왕성해 무슨 일이든 흥미를 갖고 있기 때문에 화제가 풍부하고 유머감각도 지니고 있다. 자기 생각에 대한 믿음이 확고하며 톡톡 튀는 아이디어로 독창적인 의견을 내놓아 주위를 놀라게 한다 . 사소한 일에 구애되지 않고 항상 적극적이며 시원스럽다.

- B형의 단점 : B형의 최고 단점은 기분파라는 것. 즐겁게 웃고 떠들다 갑자기 입을 다물기도 한다. 쾌활한 성격이지만 의외로 잘 토라지기도 하고 질투가 강하다. 한 가지 일에 열중하지 못하고 싫증을 쉽게 내는 것도 단점이다.

- O형의 장점 : 승부욕이 강하다. 지기 싫어하는 성격을 가진 사람이 많다. 목표에 대한 달성도가 높다. 쾌활하고 너그러운 성격 덕분에 사람들이 잘 따르고 설득력도 있다. 때문에 이야기가 특별히 재미있거나 훌륭하지 않은 데도 사람의 마

음을 끄는 무엇인가가 있다. 정열적인 감각파가 많고 꿈꾸는 낭만주의자가 많지만 노력파도 많다. 기억력이 좋아 노력만 하면 뜻하는 대로 모든 일을 이뤄낼 수 있다.

- O형의 단점 : 자신의 생각대로 남을 움직이려 하는 경향이 있어 때로는 미움을 받기도 한다. 예를 들어 친구를 자기 혼자만 차지하고 싶어 자신도 모르게 붙들어 매기도 하고 자신이 돋보이고자 하는 편이기 때문에 주제넘은 참견을 하기도 한다. 좋고 싫음이 분명하여 좋아하는 사람에게는 매우 잘하나 싫은 사람과는 쉽게 다투기도 한다. 고집이 세서 싸우고 나면 좀처럼 먼저 사과하지 않는다.

- AB형의 장점 : 우선 AB형은 머리가 좋다. 이성적이기 때문에 본인의 생각을 논리적으로 표현하며 관찰력과 미적 감각과 유머 감각이 뛰어나다. 붙임성이 좋으며 남을 잘 도와준다. 부탁을 받으면 하기 싫은 일도 잘 들어 준다. 평화주의자이기에 싸움을 걸지 않는다. 침착하고 정의감이 강해 거짓말을 싫어하며 시원시원한 성격이어서 장황스럽지 않다.
- AB형 단점 : 매몰찬 성격을 가지고 있다. 빈정거리기를 좋아하여 남의 기분을 상하게 만들기도 한다. 요령이 좋아 시킨 일은 빠르게 해내지만 끈기가 부족해 싫증을 잘 내거나 단념해 버린다. 문제가 발생하면 남에게 떠맡기고 자신만 피해버리려는 경향도 있다. 의견이 자주 바뀌어 주변 사람들을 당황하게 하는 경우도 많다.

- From. 네이버 블로그씨,

〈혈액형별 성격 유형이 있죠. 맞는 듯 안 맞는 혈액형별 성격, 믿으시는 편인가요?〉

딸에게 큰 소리로 혈액형과 성격과의 상관관계를 읽어 주었다.

"엄마. 나는 A형인데 완벽주의 아니야. 예민하지도 않고 그냥 활발한데? B형의 장점 중 화제가 풍부하고 유머감각이 있다는 건 완전 나야. 나는 A형인데 B형 성격이라니까! 완전 활발하고 엉뚱한데 뒤끝이 있는 거."

"뒤끝에 대해 좀 더 자세하게 말해 줘."

"다 끝난 일 가지고 나중에 다시 말 꺼내고 또 이야기하고 시간이 얼마 지나고 다들 잊어버렸는데 또 이야기하는 거."

"하하하. 엄마도 그런데. 앞에서는 괜찮다고 말하고 집에 와서 생각하다가 내가 왜 그랬지? 이렇게 말했어야지, 하고 생각해. 그리고 며칠 있다가 전화를 걸어서 그때 기분 나빴다고 말하지."

"나도 그래. 집에 와서 인형을 때려."

"딸도 그러니? 인형을 때린다고? 인형한테 분풀이한다는 뜻이구나! 역시 우린 뒤끝 있는 A형. 진짜 웃긴다. 그치?"

"나는 실컷 인형 때려 놓고 또 안고 자."

"때려 놓고 안고 잔데. 그거 성격 이상 아냐? 이중인격? 무섭다. 딸아."

"헤헤헤. 나 무섭지 엄마? 혈액형 성격설이 과학적으로 증명되려면 삼백 가지도 넘는 혈액형과 성격의 연관성을 모두 조사해야 돼. 그걸 언제 하고 있냐고."

"혈액형이 삼백 가지나 되니?"

나는 눈이 휘둥그레지졌다.

"흔히 알고 있는 ABO식 혈액형하고 RH^+, RH^- 말고도 희귀한 혈액형이 있어. 바디바바디바* 같은."

"뭐라고? 바디바? 그거 무슨 주문 외우는 것 같아. 변해라 변해라 개구리로 변해라 얍! 뭐 그런 거. 딸은 그런 거 어떻게 알아?"

"우리 매달 과학 잡지 보잖아. 거기서 봤어."

"아하. 과학 잡지에서 봤구나! 찾아보고 싶다. 오래된 것들 버리려고 현관 앞에 쌓아 놨는데. 그럼 유사 과학이라는 말이 과학하고 유사하지만 과학은 아니라는 거니?"

"응. 과학처럼 믿는 사람도 있지만 뻥이다 그거지. 뭐였더라? 얼굴 생김새로 성격이 어떻다, 재물 운이 있다 없다 하는 거."

"관상."

"응, 관상하고 손금 이런 거. 타로나 점술도 다 그래."

"그런 게 다 유사 과학이라고? 엄마 고등학교 때 손금 보는 거 유행했는데."

"우리도 그래. 지금 손금 옆으로 나온 거 두 개가 만나면 결혼한다. 못한다. 옆으로 된 이 선이 위로 올라가면 돈을 많이 번다."

"그래? 엄마는 두 선이 붙어서 아빠를 만났네. 여기도 위로 올라가니

---

* 바디바바디바 : 사람의 혈액형의 하나로 Rh식 혈액형과 관계 있다. Rh식 혈액형에는 C, D, E의 항원이 있는데 이들 항원 가운데 D가 있으면 RH^+, 없으면 RH^-가 된다. 그러나 간혹 D는 있지만, C와 E가 없는 경우가 있는데, C와 E가 없다는 뜻에서 이 혈액을 '-D-'로 표기하고, 그대로 '바디바'로 발음한다. 바디바바디바 혈액형은 부모 양쪽으로부터 모두 바디바(-D-)를 받을 경우에 나타나는데, 즉 -D-가 두 개라는 뜻이다.

- 두산백과

까 돈도 잘 벌겠네. 좋아라. 요즘 휴직하고 있어서 돈 없는데 그 말 들으니까 믿고 싶네. 유사 과학."

"흐흐. 강령술 뭐 그런 것도 있어. 분신 사바 같은 거."

"엄마 고등학교 때 분신 사바 엄청 유행했어. 야간 자율 학습 쉬는 시간에 아이들이 잔뜩 모였지. 가운데 연필을 두고 두 명이 손을 잡고 흰 종이 위를 빙글빙글 돌리다가 뭐 물어보면 연필이 혼자 움직여서 글씨 쓴다고 신기해 했지. 무서워하기도 했고."

"엄마. 그거 지금 생각하면 웃기지?"

"엄청 웃기지. 그때 서로 '야 네가 연필 움직이는 거잖아.', '아니야. 네가 움직이는 거잖아.' '그럼 연필 잡은 손을 놔 보자.' 그러고는 손을 놓으면 진짜 연필이 혼자 움직일까 봐 무서워서 소리 빽 지르고 도망갔지. 다음 쉬는 시간이 되면 또 하고. 하하하."

"우리도 자율 학습 시간에 두 가지 이야기를 해. 무서운 이야기거나 야한 이야기. 무서운 이야기 못 듣는 애들 때문에 야한 이야기를 주로 하지."

"야한 얘기? 음… 하하하."

"딸. 사춘기도 유사 과학인가?"

"그건 그냥 과학이지."

유사 과학을 찾아보았다. 정말 기사가 있다. 딸한테 세상을 배운다.

검증할 수 없거나 과장된 주장을 포함한 '유사 과학'을 내세워 마케팅하는 기업이 늘면서 피해를 보는 소비자가 증가하고 있다. 면역력 증진에 도움이 된다는 음이

온, 가습기를 청결하게 사용할 수 있다는 살균제, 원적외선 발생으로 통증이나 관절염 등에 효과가 있다는 게르마늄, 알레르기를 예방한다는 침구 등이 대표적이다. 전문가들은 "과학적으로 인정받기 위해서는 이론적 근거가 있어야 하고 정확한 실험·관찰·재현이 가능해야 한다."며 "검증하기 어려운 유사 과학이 스타 등을 내세운 마케팅으로 본질을 숨기고 있다."고 지적한다.

- 조선일보, 2018. 6. 26.

〈알레르기 방지 침구는 믿을 수 있을까?… '유사 과학 마케팅' 조심 또 조심〉

2

아싸는 아웃사이더(Outsider)의
줄임말이야

"어른들은 모르고 너희들끼리만 쓰는 말에 대해서 알려 줘. 딸"

"우리끼리만 쓰는 말? 100% 야한 얘긴데."

"야한 이야기? 갑자기 마음이 끌, 린, 다. 하하하."

나는 '끌린다'를 말할 때 한 글자씩 천천히 말했다.

"이거 봐. 사람은 다 변태야. 정도에 차이가 있을 뿐이지. 우리끼리 쓰는 말 중 오지고 지리고 렛잇고라는 말이 있어. 오지구라고도 해."

"오! 지! 고? 지!리!고? 렛잇고?"

"솔직히 렛잇고는 별 뜻 없는 거고. 오지고는 대단하다? 단어 앞에 '개' 붙인 거 있잖아. 개재밌다. 개웃긴다. 그게 변형된 거야."

"오지게 슬퍼. 뭐 그런 말?"

"응. 오진다는 말이 '매우', '엄청', '감동적이다', '최고다', '짱이다', '멋있다'라는 뜻이야. 오진다는 말을 쓰기 전에는 앞에 '개'를 썼지.

"오. 그래? 오지고 지리고 렛잇고는?"

"지리고는 오지고하고 비슷한 뜻으로 써. 렛잇고는 그냥 추임새야. 영화 〈겨울왕국〉에서 온 거야.

"엄마는 네가 지리고 라고 하니까. 오줌을 지린다가 생각난다."

"그런 뜻으로 쓰이기도 해. 오줌 지리게 재미있다. 야. 이거 지리는데?"

"아하. 이거 지리는데? 그럴 때 쓰는 구나!"

"그런데 지리고는 잘 안 써. 오진다는 말을 더 많이 쓰지. 야, 이거 개오져!"

"개오져? 어이구야."

"또 '찐'이라는 말을 쓰는데. 쟤네 둘이 사귄다. 이걸 '찐이다.'라고 해. 애니메이션 같은 데서 둘이 잘 어울릴 것 같은 캐릭터 있잖아. 그런 캐릭터를 내가 마음대로 커플로 만들어서 커플 이름을 붙이는 거야. 그런 걸 '커플링'이라고 해. 리드하는 쪽이 앞에 오고 리드 당하는 쪽이 뒤에 오는데 그럴 때 누구누구는 '찐이다.'는 말을 해. 맛있을 때도 이거 찐이다라고 하지. 찐에는 긍정적인 뜻이 들어 있어."

"엄마는 키스신이 찐하다 할 때 찐을 쓰는데. 완전 다르네."

"TMT^Too Much Talker라고 하는데 쓸데없는 말을 너무 많이 하는 사람이라는 뜻이야. TMI^Too Much Information 지나친 정보를 말해. 이거는 트위터들이 많이 쓰지."

"예를 들면 어떤 게 있을까?"

"친구들끼리 연예인 이야기하고 있는데 갑자기 나타나서 '나 오늘 아침에 삼각 김밥 먹었다.' 하면 애들이 걔를 쳐다보고 '너 그거 TMT야.' 그래."

"신기하다. 엄마는 그런 말 처음 들어 봐. 다른 게 또 있어?"

"아싸랑. 인싸. 아싸는 아웃사이더^{Outsider}의 줄임말이야. 인싸는 인사이더^{Insider}의 줄임말이고. 밖에서 노는 애, 안에서 노는 애."

"물리적으로 안이라는 공간을 뜻하는 거니?"

"그것보다 친구들하고 친하냐 안 친하냐를 말하는 거야."

"그치? 쉽게 말해서 우리들 패거리냐 아니냐는 거지?"

"봐봐, 엄마. 아싸들이 모여 있으면 그냥 많은 아싸야. 인싸가 혼자 놀면 혼자 노는 인싸야."

"무슨 뜻인지 자세히 말해 줄래?"

"아싸가 모여 있으면 자신들이 인싸인 줄 아는데 그냥 모여 있는 아싸야. 인싸가 혼자 있잖아. 걔는 혼자 있기를 즐기는 인싸야. 걔네들은 친구를 엄청 잘 사귀어. 혼자 있는 걸 즐기는 것 뿐이야."

"으… 응. 그런 뜻이구나!"

"실제로 친구가 많아. 그런 애들이."

"그럼 딸은 뭐야?"

"난 친구 같은 거 없어. 내가 먹었어."

"넌 아싸네."

"나는 주체적인 아싸가 될 것이다."

"하하하 주체적인 아싸래. 네가 생각하기에는 주체적인 아싸고 다른 애들이 보기에는 그냥 아싸겠지."

"응. 그냥 아싸지."

"왜. 딸 친구 여덟 명이서 생일 선물도 챙겨 주고 서코도 같이 가잖아."

"그건 비지니스야."

"하하하. 비즈니스래. 비즈니스하고 아싸하고 뭐가 다른데?"

"비지니스는 비즈니스고 아싸는 아싸야."

"예. 예. 아 재미있다. 엄청 재미있다. 딸."

"또 이건 옛날 말이긴 한데. '낄끼빠빠.'"

"그건 뭐지?"

"낄 때 끼고 빠질 땐 빠져라!"

"아. 들어본 것 같아. 낄끼빠빠."

"낄끼빠빠!"

"이건 진짜 옛날부터 지금까지 쓰이는 건데 '옹앵옹 쵸키 포키'."

"엥? 옹앵옹 쵸키 포키. 그건 뭐니? 어떻게 쓰는 지도 모르겠다. 엄마한테 그 말을 문자로 보내 줘."

딸은 바로 문자를 보내 주었다.

"줄임말로 옹앵옹. 옹앵. 이건 그냥 응. 그래. 뭐 그런 뜻이야."

"'응.' 이라고 하면 되는데 무척 길게 쓰네."

"귀엽잖아."

125

"귀여워서 그렇게 길게 쓰는 거야? 너희 또래는 줄임말을 많이 쓰는데 오히려 길게 쓰는 말도 있구나."

딸의 이야기에 귀 기울여 듣고 맞장구를 쳐 주니 딸이 아주 신나 했다. 이야기를 나누고 있을 때 '떵동' 피자가 도착했다. 맛있는 피자처럼 딸과의 대화가 맛있다. 피자를 먹으면서 오늘 이야기와 관련 있는 기사가 있나 찾아보았다.

아빠 : (아들 방에 들어오며) "아들! 아빠 왔다."

아들 : (컴퓨터 게임을 하며 헤드폰을 낀 채 혼잣말로) "오졌어. 이거 진짜 하드캐리 하는 거 아니야? 지금 나 에임 봤냐 에임* 오졌다 오졌어 오졌구요 지렸구요."

* 에임 : 온라인 게임 '오버워치'에 나오는 용어로, 과녁을 정확하게 맞추는 실력을 뜻한다.

아빠 : (아들에게 얼굴을 들이밀며) "아들, 아빠 왔는데 얼굴도 안 보여 주냐?"

아들 : (아빠를 밀치면서) "아 진짜! 아빠 때문에 개발렸잖아. 아 진짜 신기록각이었는데 진짜 캐짜증 나는 부분 인정? 어 완전 인정. 레알 팩트 오지게 짜증나는 부분이고요? 진짜 아이 C."

아빠 : (당황) "너 그게 무슨 말이야? 도무지 이해할 수가 없네."

아들 : (아빠 말 무시하며 게임 집중) "야 지렸다 지렸다 오지구요 지리구요 지렸습니다 지렸구요."

'급식체'란 10대 청소년들이 사용하는 어투를 일컫는 말로, 학교에서 주로 급식을 먹는 청소년들을 가리켜 '급식'이라는 말이 붙었다고 하네요. 급식이라는 표현은 무례하게 행동하는 일부 청소년을 비하하며 만들어졌지만 지금은 중고등학생 전체를 뜻하는 말로 자리 잡았습니다. 급식이라는 단어에 벌레를 뜻하는 충(蟲)을 붙여 청소년을 급식충이라 부르기도 합니다. 2015년 중반기 소규모 일부 학생들이 인터넷에서 쓰던 말투가 전국적으로 퍼져 나가며 지금의 급식체로 자리를 잡게 되었죠.

앞에 나온 아빠와 아들의 대화문을 일상 언어로 한 번 해석해 봅시다.

아빠 : (아들 방에 들어오며) "아들! 아빠 왔다."

아들 : (컴퓨터 게임을 하며 헤드폰을 낀 채 혼잣말로) "나 정말 최고네. 내 활약으로 게임에서 이기고 있어. 지금 내 실력 엄청나네 엄청나."

아빠 : (아들에게 얼굴을 들이밀며) "아들, 아빠 왔는데 얼굴도 안 보여 주냐?"

아들 : (아빠를 밀치면서) "아 진짜! 아빠 때문에 (게임에서) 상대방한테 완전 당했잖아. 신기록 세울 수 있었는데 진짜 완전 짜증나. 정말 아이 C."

아빠 : (당황) "너 그게 무슨 말이야? 도무지 이해할 수가 없네."

아들 : (아빠 말 무시하며 게임 집중) "야 게임 정말 장난 아니네. 엄청나네 엄청나 최고야 최고."

대표적 급식체 '오지다, 지리다'는 너무 충격적이거나 아주 놀라운 상황일 때 주로 사용하는 감탄사입니다. 놀라운 사실은 '오지다'와 '지리다'는 국어사전에 나오는 표준어로 각각 '마음에 흡족하게 흐뭇하다, 야무지고 알차다.', '대소변을 참지 못하고 조금 싸다.'라는 뜻을 가지고 있다고 하네요.

- 부산일보, 2017. 11. 14 .

〈'오지고 지리는' 신조어 급식체 "요즘 유행인거 인정? 어 인정"〉 중에서

급식 먹을 때 하는 말인 급식체라는 것도 있구나! '오지다'와 '지리다'는 국어사전에 나오는 표준어라니! 중학교 아이들은 이 사실을 알까?

3

가수는 회사원이고
싱어 송 라이터는 CEO야

"딸 싱어 송 라이터하고 가수하고 뭐가 다르니?"

"회사로 비유하자면 가수는 사원이고 싱어 송 라이터는 CEO야."

"어머나. 그렇게 깊은 뜻이 있었어? 그 말의 의미는 싱어 송 라이터는 자신의 색을 가지고 창의적인 음악을 한다는 거구나! 그래서 우리 딸이 싱어 송 라이터를 좋아하는구나? 역시 주체적인 우리 딸답네. 싱어 송 라이터를 좋아하는 수빈 양. 어울립니다. 딸은 마후마후의 어떤 점이 좋아?"

"몰라. 이게 말기래."

"뭐라고?"

"초기는 이렇기 때문에 좋아. 중기는 그냥 마후마후니까 좋은 것 같은데. 말기는 나도 잘 몰라래."

129

"딸이 앞에 말을 다 자르고 말을 해서 무슨 뜻인지 알 수가 없다. 천천히 이야기해 주면 좋겠는데. 예전에 수빈이가 이야기했던 기억을 더듬어 보면 마후마후가 대인 공포증이 있어서 사람들과 잘 못 어울리고 음악의 색이 어두워서 좋다고 했던 것 같아."

"내가 그랬나? 어두운 가사 때문에? 처음에 유튜브에서 봤을걸."

"가사가 어두워? 사람이 어두워?"

"가사가 다 자기 이야기야."

"아. 그래? 자기 이야기라고 하니까 이런 생각이 드네. 누구는 자신의 이야기를 글로 쓰고 누구는 노래로 하고."

"가사에는 원래 아티스트의 사상이나 신념 같은 것이 많이 들어 있어."

"오! 철학적이다. 갑자기 음악가들이 멋지다는 생각이 드는데."

"예를 들면 여성이 쓴 힙합 가사에는 '00년' 이런 단어가 거의 안 나와. 무신론자가 가사를 썼으면 신은 없다는 내용이 나오겠지."

"그래. 그렇겠다. 싱어 송 라이터는 신념이나 그런 것을 음악으로 표현하는 게 가능하겠다. 자신이 하고 싶은 음악을 추구할 수 있으니까."

"그렇지. 모든 창작물에서는 그게 나와."

"그렇구나. 수빈이 작년인가 카미키타 캔 내한 라이브 갔었잖아. 티켓팅 밤 9시에 오픈했었나? 빈자리가 눈앞에서 깜빡거리는데 예매가 안 되니까 정말 속 타더라. 나도 그렇게 속이 타는데 수빈이는 어땠을까?"

"나 그때 진짜 짜증나 죽는 줄 알았어. 그래서 사람들이 PC방에서 알바 써 가면서 예매한다니까."

"그러게. 엄마는 그런 거 이해 안 갔는데 직접 해 보니까 알겠더라. 아이돌 콘서트 표가 90초 만에 이만 석이 매진되고 그런 거. 그거 실제야. 실제."

"그날 국내 아이돌 그룹이랑 예매가 겹쳐서 그랬데."

"진짜? 히야…. 엄마 그날 예매 해 보고 놀랐다. 좌석이 보이는 데도 예매가 안 되니 참 나. 그날 결국 실패했잖아. VIP석으로 예매해 주고 싶었는데."

"VIP석 예매하면 끝나고 악수할 수 있었는데…."

딸은 오른손으로 주먹을 쥐고 흔들며 말했다.

"5분인가 지나니까 더는 예매에 희망이 없다는 생각이 들더라. 예매 못해서 엄마가 얼마나 실망했는지 몰라. 다음날 새벽에 일어나서 혹시 있나? 하고 들어가 봤더니 입장번호 523번인가? 초록색 한 자리가 딱 남아 있었어. 엄마 그거 예매하면서 얼마나 심장 떨렸는지 몰라. 하하하. 공연 전날까지 더 앞자리 있나 들어가 봤는데 한 자리도 없더라. 안 간다고 하면 어쩌나 걱정했는데 투정 안 부리고 잘 가더라, 딸."

"근데 중요한 거는 티켓팅에 실패한 사람도 있고 시간이 없어서 아예 못한 사람도 있다는 거지."

"그렇지. 그런 사람들에 비하면 감사하지. 그런 일 있고 난 뒤에 티켓팅 요령을 검색해 보니까. 정확한 시간을 알 수 있는 시계를 필수로 옆에 두고 대기하고 있으래. 티켓팅이 시작되는 시간에 알람음이 울림과 동시에 예매 버튼을 눌러야 한다더라. 1초 늦으면 대기번호가 5000번 이상

밀린데, 카드로 결제하다가 서버 다운되면 좌석 날아간다고 현금 입금 선택하라고 하더라."

"새로 고침 하는 시간도 있어. 0.00초까지 나오는 시계를 보고 있다가 넘어가는 순간에 새로 고침을 딱 누르면 좌석이 쫙 뜬데."

"그렇구나! 그렇게 세심하게 준비해야 티켓 예매에 성공할 수 있다는 것을 몰랐으니."

"내 친구들은 아무도 못 갔잖아. 그래서 나 만날 자랑하고 다녀. 그런데 지현이는 일본 가서 마후군 직접 보고 왔데."

"일본까지 직접 갔다고? 누구랑?"

"언니랑 둘이 갔데. 악수도 했데. 짜증나."

"좋겠다. 올해도 또 한다고 하면 보내 줄게. 친구 언니랑 다녀와. 물론 경비는 네 용돈으로. 카미키타 캔 내한 라이브 갈 때 혼자 KTX 타고 갔는데 갈 만했니?"

"나 부산도 혼자 다녀왔는데."

"부산은 올해고 아마 카미키타 캔 내한 라이브 갈 때는 처음으로 혼자 서울에 갔잖아. 그때 아빠가 용인에서 근무할 때라 서울역에 마중 나왔었지? 참 좋은 아빠라니까. 라이브 공연 가 보니까 분위기가 어땠어?"

"기대하고 갔는데 너무 오래 기다려서 언제 들어가나 지루했어. 공연장 안에 들어갔는데 불이 꺼지니까 사람들이 환호하는 거야."

"꺅! 그랬구나. 공연이 시작된다 이거지. 갑자기 엄마가 그 상황을 생각하니 심장이 두근거린다."

"나오지도 않았는데 사람들이 소리 막 질렀어."

"남자가 많아? 여자가 많아?"

"몰라. 관찰 안 했어."

"서 있는 좌석이었나?"

"응. 올 스탠딩."

"앞뒤 간격은 어떻게 해?"

"줄을 넣어 놔."

"줄 만? 너무 위험하다. 뒤에서 밀면 앞사람 깔릴 텐데."

"쏠리지는 않았어. 밀지도 않았고."

"다행이네. 올 스탠딩 좌석에서 즐기는 라이브라 히야. 신났겠다. 음악에 맞춰서 춤추고 점프하고 흥에 겨웠겠네. 야광봉 같은 거 있었어?"

"그거 안 팔았어."

"위험해서 안 팔았나 보다. 앉아서 관람하면 괜찮은데 서서 보니까 더 위험하지."

"엄마. 나 아마츠키도 봤잖아. 그거 애들한테 말했다가 쳐 맞았어."

"하하하. 쳐 맞았다고? 그냥 맞은 것도 아니고 쳐 맞았데. 웃긴다. 어른하고 대화할 때하고 친구들하고 대화할 때 사용하는 단어가 달라야 한다고 말하고 싶지만 이번에는 그냥 넘어가겠어. 코엑스에서 '한일 축제 한마당'할 때 엄마도 갔었잖아. 그때 아마츠키 공연하기 전에 갑자기 의자를 왜 뒤로 뺀 거야? 몇 백석은 될 텐데 다 뒤로 뺏잖아. 그러니까 애들이 흥분해서 앞으로 쫙 몰렸고. 엄마 그때 엄청 놀랐어. 애들이 갑자기 소리를 지르면서 앞으로 몰려갔지. 네가 밀려든 아이들에게 깔릴까봐 가지 말라고 했지. 기억나? 그때 생각난다. 나나나나… 이마… 그런 노래했었는데."

"그거? '잃어버린 별'이라는 곡이야."

"다음에 갈 때는 한복이나 기모노 입고 가. 한복이나 기모노 입은 애들은 앞자리에 와서 앉으라고 했잖아. 엄마는 거기 가서 제일 기억에 남는 코스프레가 〈센과 치히로의 행방불명〉에 가오나시야."

"가오나시 많았지? 정말 귀엽지?"

"응. 가오나시 진짜 많더라. 뒤집어 쓰기만 하면 되니까. 코스프레도 쉽고."

"서코^{서울코믹월드}에도 엄청 많아. 모자나 야자나무 이파리를 들고 있는 분도 계시고, 우산 들고 계시는 분도 있어."

"어머, 귀여워라. 보고 싶다. 수빈이는 카미키타 캔의 어떤 점이 좋아?"

"목소리가… 처음 들었을 때 거부감 없이 들을 수 있는 편안한 목소리야. 중저음."

"그럼 아마츠키는?"

"아마츠키는 마후군하고 친하고 귀여워."

딸은 '귀여워'를 말하면서 자신의 두 손으로 턱을 감쌌다.

그러고는 한 마디 더 했다.

"강아지도 귀엽고 고양이도 귀엽고 아마츠키도 귀여운데 인간은 안 귀여워."

인간은 안 귀여워 할 때는 남동생을 힐끗 곁눈질하면서 말했다.

자식은 부모를 닮는 다더니 딸은 참 나를 많이 닮았다. 고등학교 때 일본 여학생과 펜팔*을 했다. 펜팔 친구가 SMAP, X-Japan, 아무로 나미에 사진과 동영상이 담긴 비디오테이프를 보내 주었다.

내가 고등학생 시절 펜팔을 통해서 일본 문화를 접하게 되었다. 지금도 그렇지만 그때도 일본 대중문화는 우리나라 공중파 방송에 나오지 않기 때문이다. 일본 대중문화에 관심이 있던 아이들끼리 모여서 노래를 듣고 펜팔 편지를 함께 보며 좋아했었다. 수빈이는 중학생인데 일본 싱어 송 라이를 좋아하는 걸 보면 참 빠르다. 딸과 다른 점이 있다면 나는 가수를 좋아했고 딸은 싱어 송 라이터를 좋아한다는 것이다.

"엄마 딸로 태어난 걸 감사하게 생각해. 엄마는 일본 노래 듣고 가수 좋아하는 거 다 이해하니까. 엄마 닮아서 일본 대중문화 좋아하는 거야."

* 펜팔(pen pal) : 편지를 주고받으며 사귀는 벗.

4

엄마 그거 무슨 잡종 코스프레야?

"엄마가 코스프레 한다면 어떤 캐릭터를 하면 될까? 후훗. 살을 10kg 정도 빼고 말이야."

"안 빼도 돼. 빅 사이즈도 있어."

"아니. 빼고. 빼고 할 거야. 엄마는 '세일러 문' 하고 싶어. 긴 노랑머리 하고 '사랑과 정의의 이름으로 널 용서하지 않겠다!'라고 외쳐야지."

나는 사랑과 정의의 이름이라고 하면서 세일러 문처럼 모션을 취했다.

"'세일러 문'이면 음… 하. 그거 의상 값만 해도 엄마 30만 원은 들걸?"

"오우. 비싸네. 세일러 문 다섯 명이잖아. 네 명을 구해서 세일러 문 복장하고 마라톤 대회 나가고 싶어. 하하하. 재미있겠지?"

"우리 어머니께서 버킷리스트를 이루기 위해서 세일러 문 복장하고 마라톤에 출전하십니다. 이런 글을 SNS에 올리면 사람들이 엄청 좋아해."

"왜 좋아해?"

"멋있다고. 환호해 줄걸. 뉴스에 나올지도 몰라."

"뉴스에 나오면 좋지. 화장 진하게 하고 가야지. 난 줄 못 알아보게. 반환점 돌아올 때 '사랑과 정의의 이름으로 널 용서하지 않겠다.'라고도 한마디해 주고 말이야. 하하하."

"우리 엄마 못 말린다니까. 은수네 아빠 마라톤 하잖아. 닭의 해라고 닭 의상 입고 뛰시는 분도 있다고 은수 아빠가 그러셨는데."

"그런 분 있지. 있어. 엄마 노래방 18번이 세일러 문 주제곡이야. '미안해 솔직하지 못한 내가….'"

"달의 요정 세일러문 주제곡 나도 알아. 엄마. 코스프레는 그냥 개인 만족이라서 살을 빼고 싶으면 빼고 아니면 그냥 해도 돼."

"그렇구나! 살을 뺀 뒤 입어야 예쁘잖아. 엄마는 살 빼고 입고 싶다. 그런데 엄마 다리에 알은 어떻게 가리지? 딸은 뭐 하고 싶어?"

"글쎄…."

"평상시에 생각해 본 게 없구나! 그럼 엄마는 세일러 문하고 한울이는 가오나시 하고 딸은 뭐할래?"

"엄마 그거 무슨 잡종 코스프레야? 하하하."

"잡종 코스프레래. 웃긴다. 딸 그거 있잖아. 뭐더라 백혈구하고 혈소판 나오는 애니매이션."

"하타라구 사이보 일하는 세포."

"응. 거기에 나오는 혈소판 어때? 귀엽더라. 사랑스러워."

"평상시에는 사랑스러운데 세균 만나면 사나워져. 완전히 싹 바뀌어. 집에서 방귀 뀔 때하고 애인 앞에서 방귀 뀔 때 같아. 온도 차이가 완전 달라."

"하하하. 집에서 방귀 뀔 때하고 애인 앞에서 방귀 뀔 때 같데. 진짜 웃긴다. 아주 적절한 표현이야."

"진짜 나 엄마. 자작^{자신이 만든} 캐릭터 하고 싶거든. 내가 만들었지만 너무 예뻐. 봐봐 엄마. 아이고 내 새끼."

딸은 자신의 스마트폰을 쓰다듬으며 말했다.

"그거 어떻게 만들어?"

"그냥 프로필 쓰고 그림 그리는 건 돈 주고 맡길 수 있어. 커미션이라고 그림이나 글 써 주는 것을 비공식적으로 하는 게 있어. 글 써 주는 건 글의 용도나 양에 따라서 받고 그림은 부분 채색, 풀 채색, 전신 흉상 그런 거 별로 받는데 자캐^{자작 캐릭터}를 하고 싶은데 혼자하면 쪽 팔리니까 자캐 하는 사람들을 모아서 같이 해야지. 팀코^{팀 코스프레}로."

"우리 가족이 하고 싶은 코스프레를 하고 같이 다니면 되겠다. 아빠는 뭐하지? 잘생긴 백혈구?"

"토토로 시켜."

딸이 말했다.

"하하하. 토, 토, 로."

"토토로 하고 아빠 배가 똑같으니까."

아들이 거들었다.

"하하하. 딸이 토토로 이야기하니까 엄마 역시 아빠 배가 가장 먼저 떠올랐어. 아빠. 토토로 말고 고양이 버스는 어때? 우리 태우고 다니라고."

"그럴까? 서울코믹월드에 가면 코스분코스프레 하는 분들이 아무렇지도 않게 다녀."

"그렇지. 그러려고 가는 거니까."

"제일 짜증나는 게 거기서 데이트하는 커플이야."

"딸, 사실은 부러운 거지?"

"하하하. 사실 서코서울코믹월드는 코소코스프레하러 가기도 하고 지르러 가기도 하고 데이트하러 가기도 하지. 그런데 거기 밥 먹을 곳이 부족해, 항상."

"밥 먹는 부스는 없니?"

"없어. 편의점에서 먹어야 하는데 사람이 많으니까 자리가 부족해. 햄버거 가게도 줄을 쫙 서서 기다려야 해. 그런데 나는 코소 용품하고 상품 사려면 돈이 너무 많이 드니까 식비를 아껴야 해."

"얼마나 드는데?"

"화장품 사야 하고, 옷도 사야 하는데 엄청 비싸. 해외에서 직구 하는 것도 있고 한국에서 사는 것도 있어. 제작하는 것도 있는데 기본이 60만 원씩 해."

"그럼, 엄마 세일러 문 옷 제작해서 가지고 있을까? 66사이즈로?"

"빅 사이즈도 많아."

"빅 사이즈면 안 예쁘잖아. 세일러 문 보면 다리가 젓가락 같아. 그래야 예쁘지. 그런데 엄마는 살을 빼도 다리가 젓가락은 안 되겠다. 선천적으로 다리에 알이 있어서. 〈한일 축제 한마당〉 갔을 때 코스프레한 일본 여자애 정말 예쁘더라. 만화 속에서 금방 나온 것 같아서 엄마가 깜짝 놀랐어."

"코스코스프레하려면 그 캐릭터랑 닮아야 하기 때문에 화장을 빡세게 해야 해."

"화장도 화장이지만 몸 자체가 마르고 얼굴도 작고 그렇더라. 인형 같이 예뻐서 깜짝 놀랐어. '인형인가요?'라고 말 걸 뻔했어.' 여자가 봐도 예쁜데 남자가 보면 어떨까?"

"우리나라도 그렇긴 한데 일본은 예쁜 코서가 아니다 그러면 욕먹어. 사실 코소는 자기만족이란 말이야. 그런데 일본은 욕먹어."

"왜?"

"자기가 보기 싫으니까."

"보기 싫으니까? 그런 이유로 욕을 한다고?"

"응. 그럴 땐 좋은 방법이 있어. 보기 싫으면 자신의 손가락 두 개를 브이 모양으로 펴. 그런 다음 자신의 눈을 찌르면 돼."

"하하하. 그렇지. 눈을 찌르기 싫으면 안 가면 되잖아."

"그렇지. 안 가면 되지. 그냥 손가락을 갈고리 모양으로 만들어서 눈을 찔러."

"하하하."

코스프레는 현실 속 인물이 아닌 게임을 비롯해 영화, 만화 등에 나오는 등장인물의 캐릭터 의상을 입고 그 캐릭터가 했던 행동을 하는 일종의 놀이 문화를 말한다. 어원은 의상을 뜻하는 '코스튬(Costume)'과 놀이를 뜻하는 '플레이(Play)'를 조합한 일본식 합성어다.

이 용어는 1984년 로스앤젤레스에서 열린 유명 과학 잡지인 〈월드 사이언스 픽션(이하 SF)〉 컨밴션에 참여한 노브 다카하시가 고안했다고 한다. 그는 고스튬을 입은 팬들이 행사장을 가득 메우자 감명을 받았고, 일본 SF 잡지 지면에 이들에 대해 기고하면서 코스튬+플레이를 줄여 코스프레라고 표현했다.

- 게임플, 2016. 1. 15. 〈산업으로 이어지는 코스프레 발전사〉 중에서

한국과 일본 양국간 최대 규모의 문화 교류 축제인 한일축제한마당, '2017 in Seoul'이 24일 서울 코엑스에서 개최되었다. 한일 국교 정상화 40주년을 기념하는 '한일 우정의 해 2005'의 주요 사업으로 시작된 '한일축제한마당'은 양국 최대 규모의 풀뿌리 문화 교류 행사로 성장해 왔으며, 13회째를 맞이하는 올해 '함께 나아가자 한마음으로'를 테마로 진행됐다. 특히 올해는 '2018 평창 동계올림픽 및 패럴림픽 대회'와 '도쿄 2020 올림픽-패럴림픽 경기 대회' 개최를 앞두고, 한일 양국의 올림픽에 대한 응원 메시지를 담은 다양한 행사가 진행되었다. 한일 광장의 '페스티벌 월'에서는 방문객들로부터 한일축제한마당은 물론 올림픽과 문화 교류 등에 대한 다양한 응원 메시지를 받아 이를 소개하는 코너를 마련하는 등 '함께 나아가자 한마음으로'라는 테마에 걸맞는 다채로운 행사가 진행되었다.

- 뉴스타운, 2017. 9. 26. 〈한일축제한마당, '2017 in Seoul'〉

5

딸 혼자 가는 부코

"딸, 올해 봄이었나? 혼자 용감하게 부산 다녀왔지?"

"응, 부코^{부산코믹월드}에 가려고. 그때 친구네가 부산으로 캠핑 간다고 해서 부산 벡스코에서 만나기로 했지."

"혼자 KTX 타고 부산까지 가는데 느낌이 어땠어?"

"아무 느낌 안 들던데 그냥 산이구나. 들이구나! 그랬지. 그냥 KTX에서 멍 때리다가 자다가 스마트폰 했어. 좌석 앞에 있는 잡지도 봤고."

"옆자리에 누구 앉았어?"

"어떤 아저씨가 앉았는데 자면서 코를 안 골아서 다행이었어."

"코를 고는 건 양호해. 이상한 짓? 안 하면 다행이지."

"아마 이상한 짓했으면 내가 '꺄' 하고 소리를 질렀을 거야. 욕을 할지도 모르지."

"하하하. 그렇지 그럴 때는 거칠게 나가야지. 좋아."

"부산역에 내렸는데 지하철이 어디인지 기억이 안 나는 거야. 그냥 택시 잡았지. 택시 타자마자 친구한테 전화했지. 통화하면서 갔어."

"혼자 택시를 탔다고? 그 먼 거리를? 용감하다. 부산역 광장으로 나오면 지하철 바로 연결되는데, 작년에 다녀왔잖아."

"몰라. 못 찾겠더라고."

"하하하. 물어봐야지. 인포메이션은 괜히 있는 게 아니야."

"안내하는 데 가서 물어봤는데 뭐라고 하는지 못 알아듣겠더라고."

"그래? 부산 사투리라서 못 알아들었나 보다. 다시 물어봐야지. 자세하게 몇 번 출구로 나가야 해요? 이렇게 말이야. 택시비 얼마 나왔어?"

"2만 원 나왔나? 그날 아이돌 콘서트 있는 날이라서 벡스코에 사람 엄청 많았어."

"2만 원? 와. 통 크다. 그날 아빠가 혹시 모른다고 비상금 5만 원 주셨잖아. 믿는 구석이 있으니 택시 탔지. 잘 했어. 그런 게 다 경험이지."

"나 굿즈 사느라 아빠가 준 돈 다 탕진했어."

"그래. 그럴 줄 알았어. 아빠는 네가 그걸 잘 가지고 있다가 올 거라고 하더라. 엄마가 그랬지. 분명 다 쓰고 올 거라고. 만약에 엄마가 비상금을 줬으면 남겨 왔겠지. 아빠가 주셨기 때문에 다 탕진하고 온 거야. 그렇지?"

"히힛. 어떻게 알았지? 나 늦게 입장해서 줄도 오래 안 섰지롱."

"아. 오히려 늦어서 줄도 오래 안 섰구나! 네 친구는 그때 어떤 캐릭터 코스프레 했지? 사진 봤던 기억이 나는데."

"오소마츠상이라는 여섯 쌍둥이. 여섯 명인데 성격이 모두 달라. 대사가 좀 야한 게 있어서 우리나라에는 19세 이상 관람가로 들어왔지."

"그래. 부코가서 뭐 사 왔니?"

"굿즈. 쿠션 많이 사 왔지. 나중에 보면 쿠션밖에 안 남거든."

"서코도 가 보고 부코도 가 봤는데 어때?"

"못 가 본 곳이 한 곳 있어. 대구 코믹월드. 20년 만에 부활한 대코."

"대구에도 있구나. 지난번에 일산 다녀오지 않았니?"

"서코가 양재 AT센터 아니면 일산 중 한 곳에서 하거든. 나 이제 웬만한 곳은 혼자 갈 수 있어. 해외 빼고."

"하하하. 해외도 뭐. 너 혼자 갈 수 있어. 다녀 보니까 지역마다 다른 게 있니?"

"대코는 시간대마다 공연을 해. 연기하고 춤추고. 12월에는 같이 가는 친구가 시험을 잘 보면 같이 가는 거고 못 보면 못 간데. 부모님이 시험 잘 봐야 보내 준다고 하셨데."

"못 보면 어쩌니?"

"그럼 뭐. 돈 모아 두었다가 1월에 가야지. 1월 26일에 같이 가자는 친구들 있어. 서울에서 한 달에 한 번 있나? 부산에서도? 그러고 보니 자주 있는 거네."

"한 달에 한 번씩 있는데도 그렇게 사람이 많아? 인터넷으로 예매를

144

안 하면 한 시간씩 줄서서 들어가야 할 정도로?"

"서울이 우리나라에서 규모가 제일 커. 동아리 교류전 중에서 제일 장르가 많고 인기가 많아. 구경 가는 사람도 있고 뭐 사러 가는 사람도 있고. 코소하고 사진 찍으러 가는 사람도 있어. 사진사를 고용해서 데리고 다니면서 찍어."

"딸은 거기 왜 가는 거야?"

"나? 굿즈 사러. 그리고 지인 만나러. 넓은 공간이니까 지인들 만나기도 좋아."

"그래? 네 절친 은수는 왜 안 가?"

"귀찮데."

"푸흣 귀찮아? 넌 안 귀찮아?"

"난 돌아다니는 성격이야. 집 안에 가만히 있으면 숨 막혀."

"넌 어쩜 엄마하고 똑같니? 엄마는 혼자 집에 조용히 있는 것도 좋아해. 그런데 한 이틀 집에 가만히 있으면 답답해서 병 날 것 같아."

"나를 집에 가둬 두면 '차라리 나를 죽여라!' 하며 시위할 것 같아. 쇼핑 좀 하고 소비를 해야 대한민국 경제가 굴러가지."

"엄마가 보기에 딸은 소비가 지나친 것 같은데? 어제도 하루에 5만 원 다 쓰고 왔잖아? 화장품도 엄마보다 네가 더 많아."

"솔직히 어제는 탕진하러 간 거야. 돈 쓰는 쾌감이 있잖아."

"하하하. 그럼 돈 쓰는 쾌감이 얼마나 좋은데."

"엄마 이 사진 봐봐. 이 분은 얼굴에 이걸 쓰고 왔어."

양복 차림의 남자는 얼굴에 흰색과 파란색과 하늘색이 어우러진 회오리 모양을 쓰고 있었다.

"이건 무슨 캐릭터야? 게임 캐릭터인가?"

"이거 게임에 나오는 건데 위급한 상황에 쓰는 무기? 기술? 같은 거야."

"아. 뭔지 알겠다."

"하하하. 엄마 이거 봐."

사진 속 여자는 마치 머리에 초록색 뿔 두 개가 달린 듯했다. 초록색 원피스를 입고 흰색에 아무 무늬 없는 카디건을 걸쳤다. 오른쪽 팔에는 꽃놀이 갈 때 가져가는 듯한 바구니를 끼고 있었다.

"히야. 이 코스프레는 어떻게 했을까? 머리에 뭘 넣었을까? 초록색은 어떻게 했지?"

"스프레이 막 뿌리고 그랬을 거야."

"대단하다."

좋아하는 연예인을 닮고 싶었던 나의 어린 시절. 좀 논다는 친구들은 연예인 따라 과감하게 짧은 머리를 하곤 했다. 연예인이나 만화 캐릭터를 코팅해서 책받침으로 사용했었는데…. 고등학교 때는 연예인 사진을 명찰 뒤에 넣고 다니며 수시로 얼굴을 보는 것만으로도 가슴 설렜다. 요즘은 마치 자신이 캐릭터가 된 듯 화장부터 옷과 소품까지 해 본다니! 좋겠다.

10코는 '10월에 열리는 코믹월드'의 줄임말이다. 코믹월드는 만화·애니메이션 동호회들이 진행하는 박람회다. 이 박람회에서는 복장과, 분장 등으로 만화의 등장인물들과 비슷하게 흉내 내는 놀이 문화인 코스프레도 구경할 수 있다. 주로 10대 학생들 사이에서 유행하기 때문에 '첫코'(처음 하는 코스프레)는 초등학교 고학년이, '막코'(마지막 코스프레)는 고등학교 3학년이 하는 경향이 있다고 한다. 10대 학생들의 각양각색의 모습이 보고 싶다면 2018년 10코 장소인 일산 킨텍스에 가면 된다.

- 한겨레 신문, 2018. 10. 18. <알면 쓸데 있는 신조어 사전>

6

선동과 날조로 승부한다

"딸! SNS^{Social Network Service 또는 Social Network Site} 언제부터 하기 시작했지?"

"SNS. 선동과 날조로 승부한다!"

"응? 선동과 날조? 그게 뭐야?"

"S 선동과 N 날조로 S 승부한다."

"하하하."

예상치 못한 재치 있는 답변에 대화 시작부터 목젖이 다 보이도록 웃는다.

"딸. 정말 웃긴다. 더 웃긴 건 그 말이 맞다는 거야."

"대박이지?"

"응. 딸이 스마트폰 산 게 언제지?"

"초등학교 4학년 때인가 5학년인가 암튼 그 즈음 겨울 방학."

"그럼 SNS를 시작한 건 언제부터이지?"

"스마트폰 생기면서부터 한 것 같은데? 처음에는 페이스북 깔아서 오지게 굴리다가 6학년 때인가? 트위터 시작하고."

"트위터는 어떻게 알았어?"

페북^{페이스북}하던 사람들이 다들 트위터로 넘어가서 이거 뭐지? 하고 있었는데 내 최애^{최고로 애정 가는(사랑하는)} 배우가 트위터 한다는 거야 그래서 바로 깔았지."

"최애?"

"응. 마후마후."

"아하."

"지금은 누군데?"

아들이 물었다.

"지금은 휴덕^{자신이 좋아하는 분야에 심취하여 그와 관련된 것들을 모으거나 찾아보는 행위}를 쉬고 있음 중이야."

"휴덕이라면 덕질^{어떤 분야를 열성적으로 좋아하여 그와 관련된 것들을 모으거나 파고드는}일을 쉬고 있다는 뜻인가 보다."

"오! 엄마."

딸의 입이 동그래졌다.

"트위터에서 주로 뭘 하니? 글을 올려? 사진을 올리니?"

"이상한 짓. 봐봐. 내가 트위터 하는 사람들에 대해서 알려 줄게. 트위터 하는 사람을 '트위터리안' 이라고 해. 만약에 이불에 주스를 쏟았어. 그럼 어떻게 해?"

"주스를 닦아 내거나 이불을 빨거나 하겠지?"

"그렇지? 트위터리안은 바로 사진 찍어서 올려."

"황당한 이야기지만 공감된다."

"트위터리안은 똥 마렵다고 우선 글을 올리고 화장실로 달려 가."

"후후후."

김치찌개를 떠 먹던 나는 뿜을 뻔했다.

"정말? 그냥 조용히 휴대폰을 화장실로 가지고 가면 되는 거 아니야?"

"트위터리안은 왔다 갔다 하면서 글을 올리고 화장실을 찾아."

"음. 진정한 트위터리안이다. 수빈이는 글 써서 SNS에 올린다더니 밴드에 올리니?"

"밴드에다가 올리기도 하고 공유가 가능한 노트에 써서 링크를 걸기도 해. 그럼 사람들이 그걸 읽고 피드백을 올리는데 피드백이 피드백이 아니야."

"그럼 뭐야?"

"하, 그런 게 있어. 내가 생각한 피드백은 이런 거지. 마마님은 어쩌고 쌀라 쌀라 하는 피드백인데 거기에 적을 때는 '완전 잘 쓰셨어요!' 이거야. 그냥 무조건 잘 쓰셨다는 광팬 같은 피드백?"

"듣고 보니 잘 썼다는 피드백이 좋지만은 않다는 이야기네."

"응. 그렇지. 엄마 나 라면 먹어도 돼?"

"햄버거 한 개 다 먹고 라면?"

우리는 라면을 끓여 먹으며 이야기를 이어갔다.

"딸, 일본 노래만 듣는 줄 알았더니 팝 듣더라."

"응. 두아 리파, 앤 마리, 아리아나 그란데, 제이 플라. 남자보다 여자 가수 노래 들어."

"엄마가 얼핏 들었는데 좀 뭐랄까? 거친? 언니들 노래를 좋아하는 것 같아."

"응. 카리스마 있는 언니들 노래가 좋아."

"어떻게 팝송을 듣기 시작했니?"

"처음에 'Shape of you'를 들었어. 제이 플라가 커버한 곡이야."

"커버 곡은 뭐니?"

"커버^{cover}라는 단어와 노래라는 의미의 '곡'이라는 단어를 합성한 거야. 다른 사람의 노래를 자신만의 음색으로 편곡해서 부르는 노래라는 뜻이야."

"아하. 그럼 같은 곡인데 느낌이 완전 다르겠다."

"응. 엄마가 만날 웃으면서 부르는 노래 있잖아. '하바나… 온난화…' 그거. 그 곡을 부른 가수를 통해서 팝에 입덕^{어떤 분야에 푹 빠져 마니아가 되기 시작함}했다가 두아 리파 노래를 듣게 되었지."

"아. 입덕 즉 마니아가 되었다 그거지? 그 언니들 가사가 좋아? 예뻐서 혹은 터프해서 좋아?"

"우리나라 여자들도 좋아하는데."

"네가? 우리나라 여자 아이돌을 좋아한다고?"

"응. 남자는 별로야. 여돌여자 아이돌은 좋아."

"그렇구나! 누구 좋아해?"

"마마무, 레드 벨벳, 여자 친구, 블랙핑크 등등. 한국 여돌이면 한 번쯤은 '예쁘다.' 하고 노래를 들어본 것 같아."

"그렇구나. 외국 언니들을 좋아하게 된 계기는 뭐니?"

"우리나라 언니들은 춤을 너무 살랑살랑 예쁘게만 춰. 어떤 느낌인지 알겠어? 예쁘고 섹시하고 귀엽고? 만날 그런 모습만 보니까 질려. 그 언니들은 훨씬 파워풀하고 멋진 모습을 보여 줄 수 있는데 안 해. 우리나라에서 만들어 낸 그런 모습이 싫어."

"소속사에서 그 시대에 좋아할 만한 안무, 외모, 음악의 색 등 정해 준 것이 많을 거야. 외국 가수들은 자유롭니?"

"소속사가 정해져 있긴 하지만 자유로워."

"연예인들은 보이는 직업이라서 자신이 하고 싶은 모습과 소속사에서 요구하는 모습 사이에서 갈등할 거야. 딸, 보이는 모습이 전부가 아니라는 걸 알았으면 좋겠다."

"난 그게 너무 싫어. 언니들이 예쁘고 좋아서 덕질을 하면 그 돈이 다 회사로 들어가잖아."

"회사로 들어가서 그 연예인한테로 가겠지. 뭘 그리 복잡하게 생각해. 그냥 내가 좋으면 사고 아니면 마는 거지. 아우. 복잡해. 네 친구들 다 그렇게 생각하니?"

"아니. 나만 그래."

"우리 딸 독특하구나!"

"내가 쓰는 돈이 어디로 가는지는 알아야 할 거 아니야."

"우리 딸. 탁월함과 소신의 미덕이 빛나네. 한국의 여돌은 예쁘고 깜찍한데 외국 언니들은 자기 주관이 있고 음악이 파워풀하고 다양하다 그거니?"

"맞아. P!NK의 'So What'이라는 노래가 있어. 그래, 나 이혼했다. 그래서 뭐 어쩌라고? 나 하나도 안 슬픈데. 그런 곡이야."

"아, 그 노래 엄마도 알아. 공연한 거 봤는데 우와! 파워풀하더라. 굉장했어. 딸은 그 언니 공연을 보면서 대리 만족을 느끼나 보다. 여자라서 무시당하고 억눌려져 있던 감정의 폭발 같은 거 말이야."

"응. 언니가 멋있어. 무대에 공중 그네를 만들어서 그걸 타고 올라가면서 노래한 적도 있어."

"대단하다. 멋지네."

"우리나라의 어떤 여돌은 항상 예쁜 옷 입고 나와서 방긋방긋 웃는 노래만 하는데 으으 정말 식상해. 또 어떤 여돌은 옷을 너무 야하게 입어. 어떤 여돌은 노출이 너무 심해. 욕망이 가득 찬 노출이 있고 패셔너블한 fashionable, 유행하는 노출도 있어."

"오. 그런 거 어떻게 구분해?"

"딱 보면 알아. 아 저거 남자가 했구나. 보여 보인다니까. 욕망이 가득

해서 막 되지도 않게 신체를 노출시키고… 어우. 섹시한 콘셉트의 노출이 있고 남자들을 위한 노출이 있는데 요즘 점점 남자들을 위한 여성의 노출이 심해지고 있어."

우리나라 여자 아이돌의 노출이 점점 심해지고 있다는 딸. 그것이 불편하다는 딸. 그래서 그렇지 않은 팝 가수들이 좋다는 딸. 딸의 생각이 그렇구나!

7

쓸데없는 선물 고르기

"엄마 나 친구들하고 쓸데없는 선물 주고받기로 했어. 선물 보러 가자."

"하하하. 너희 정말 재미있다. 쓸데없는 선물을 주고받기로 했다고? 누구 아이디어야?"

"내가 SNS에서 보고 친구들한테 하자고 하니까 다들 좋다고 했어."

"SNS? 엄마도 보고 싶다."

스마트폰으로 이리 저리 검색을 하던 딸이 보여 주었다.

"여기 봐봐. 엄마"

데프콘이 패스트푸드 상품권 선물에 환호했다. 1일 방송된 KBS 2TV '해피선데

이-1박 2일 시즌3'에서는 멤버들이 서로 '쓸데없는 선물'을 주고받는 선물 증정식의 모습이 그려졌다. 이날 멤버들은 쓸데없는 선물 뽑기를 위해 가위바위보로 순서를 정했다. 이에 데프콘이 1등으로 우선권을 가지게 됐다. 데프콘은 정준영의 선물을 선택하며 "준영이 선물이 부피가 작고 쓸모 있을 것 같다."고 말했다. 하지만 정준영이 장난감 총을 꺼내자 실망한 표정을 지었다. 그러나 정준영은 "제 선물은 2개다."라며 유효기간이 5년 남은 패스트푸드 상품권 30장을 전했다. 이에 데프콘은 "이게 웬 떡이냐!"며 함박웃음을 지어 모두를 폭소케 했다.

- MTN, 2018. 4. 1. 〈'1박 2일' 데프콘, 패스트푸드 상품권에 "이게 웬 떡"〉

"어머. 정말 있네. 패스트푸드 상품권 30장? 히야. 이건 쓸데 많은 선물인데 하하하."

"그러게."

"다른 사람들은 또 어떤 쓸데없는 선물을 주었지?"

"엄마, 엄마 이거 봐."

딸은 한 손으로 입을 가리며 얼굴이 빨개졌다.

"하하하. 진짜 웃긴다. 관장약?"

"응. 이 사람은 보도블록 노란색 있잖아. 그거 하고 교통콘 줬데."

"보도블록? 노란색? 어린이 보호구역 표시하는 거? 그건 어떻게 구했지? 교통콘은 뭐야?"

"위험 알리는 거 있잖아. 삼각형 모양으로 세워두는 거."

"하하하. 꼬깔콘! 진짜? 대단하다. 우리도 쓸데 없는 선물 사러 가자.

음… 발가락 양말 같은 거 어때?"

"흐흐. 엄마. 발가락 양말? 재미있다."

딸과 저렴한 물건을 많이 파는 가게로 향했다. 값싸고 재미있고 쓸데없는 선물을 사러.

"딸. 어떤 게 쓸데없을까? 머리 핀 어때? 분홍 분홍한 모자 달린 이런 핀."

"하. 이거? 진짜 쓸데없겠다. 그런데 여동생 줄 것 같아."

"그래? 다른 걸 더 보자. 딸. 어린이용 면장갑 어때?"

"오호. 이거 진짜 쓸데없겠다. 괜찮은데?"

"그치? 일단 후보로 남겨 두고 더 보자."

"엄마. 의자 다리에 씌우는 이런 건 어때?"

"친구 입장에서는 쓸데없겠다. 그런데 엄마들은 좋아할 것 같은데?"

"그치?"

"쓸데없는 선물 고르는 거 쓸데 있는 선물 고르는 것만큼 어렵네. 이거 어때?"

나는 노랗고 커다란 바나나 모양의 케이스를 가리켰다.

"이거 괜찮다. 엄마. 가격도 착하고. 잠깐만 엄마. 은비가 자기 쓸데없는 선물 기대하라고 문자 왔어."

"은비가? 와, 무엇을 준비했을까 기대된다."

가게를 쭉 둘러본 딸이 바나나 케이스를 선택했다.

"몇 명이 선물 주고 받니?"

157

"여섯 명."

"다른 친구들은 어떤 선물을 가져 올까 벌써부터 궁금하다."

다음 날 딸이 집에 돌아오기만을 기다렸다. 과연 친구들은 어떤 선물을 주었을까?

현관문 비밀번호 누르는 소리가 들렸다. 현관으로 마중 나가 딸을 반겼다.

"딸. 은비가 어떤 선물 줬어?"

"아. 걔. 이거. 하하하. 볼트하고 못인가?"

딸이 가방에서 가로 세로 15㎝ 정도 되는 상자를 꺼냈다. 상자 안에는 여러 가지 종류의 못과 볼트와 너트가 들어 있었다.

"하하하. 그런데 그건 집에서 아주 유용하게 쓰이는 건데? 다른 친구들은 뭐 가져왔니?"

"성냥."

딸은 입술을 옆으로 일자를 만든 뒤에 '흐흐' 하고 웃으며 말했다.

"성냥. 히야 역시! 대단한걸. 그거 구하기도 어렵겠다."

"갤럭시 휴대폰 쓰는 애한테 아이폰 케이스."

"아하. 기발하다."

"그게 제일 비싼 거였어."

"너희 참 학교생활 재미있게 한다. 기발하고 탁월해. 어떻게 그런 선물을 주고받을 생각을 했을까. 참."

"학교에서는 그렇게 보내 재미있게. 나는 왼손으로 그린 그림을 줄까 생각해 봤는데 안 되겠다 싶어서 포기했어."

그날 저녁 가족이 모여서 쓸데없는 선물에 대해서 이야기 나누었다.

"중학생한테 쓸데없는 선물이라. 콘돔 같은 거 어때? 하하하."

내가 말했다.

"엄마. 살 수 있다, 우리. 돌기형 아니면 살 수 있어."

"하하하. 진짜? 돌기형은 왜 못 사?"

"성인용품이라고."

"아니. 콘돔 자체가 성인 용품이 아니야?"

"아니야."

남편이 말했다.

"콘돔이 성인 용품이 아니라고?"

나는 고개를 꺄우뚱하며 다음 질문을 했다.

"그런데 돌기형이 뭐야?"

"남자 성기가 있으면 그 끝에 오돌토돌 된 거 있어."

"아니야. 그게 아니고… 이렇게 거시기에 씌운 다음에 빼는 거 있어."

딸이 손을 위에서 아래로 봉지를 씌우듯 하며 말했다.

"아니야. 아빠가 더 잘 알아. 아이참. 설명하기도 그렇고 암튼 그런 게 있어."

서로의 말이 맞다고 이야기하는 아빠와 딸 사이에 그것이 뭔지 모르는 나와 아들이 있다.

"돌기형은 성인 용품으로 분류되는구나!"

"그건 엄마 어쩔 수 없는 게 쾌락을 위해서 돌기를 넣는데."

"아니 그럼 청소년한테 콘돔을 파는 건 무슨 경우야? 성관계 말고 다른데 필요한 가?"

"자위 용품."

"뜨악! 자… 위 용품? 그게 무슨 자위 용품이야?"

"여성들은 그렇게 쓰기도 해. 여성들의 경우에는 삽입 형 자위를 하잖아. 삽입 형 자위를 하는데 그 뭐냐. 그… 나 참. 우리는 아직 어려서 딜도를 못 사."

딸이 말했다.

"딜도가 뭐야?"

"딜도? 이런 것까지 내가 다 말해야 돼? 남성 성기 모양의 성인 용품."

딸이 말했다.

"넌 어떻게 그런 걸 그렇게 잘 알아? 엄마는 이 나이 먹도록 모르는데?"

"우리나라는 성에 대해서 너무 숨겨져 있어."

"그럼 자위 용품이기 때문에 우리나라에서 콘돔을 청소년이 살 수 있다는 거야?"

"그런 것도 있지."

"어머 웬일이야. 우리 대화 참 적날하다."

"엄마, 청소년 자위는 자연스러운 거야."

"엄마는 심히 부끄럽다, 딸. 쓸데없는 선물 이야기하다가 콘돔까지 나왔네. 이야기를 하고 보니 청소년에게 콘돔은 쓸데 있는 선물이네. 딸은 청소년끼리 나누는 성관계에 대해서 어떻게 생각해?"

"여성이 피임약을 먹어도 그렇고 콘돔을 사용해도 100% 피임이 되지 않아. 그래서 미성년자들끼리의 성관계는 안 하는 게 좋아. 무엇보다 최대의 리스크가 있지."

"리스크? 뭐지?"

"임신."

우리 딸의 성에 대한 지식은 어디까지인가? 쓸데없는 선물이라는 가벼운 이야기로 시작해서 콘돔에 딜도까지 나오다니. 남편도 함께 이야기할 수 있어 감사했다.

8

친구 택배가 우리 집으로 온다

딸은 집에 돌아오자마자 가방을 방에 휙 던져 놓았다.

"엄마. 나 택배 찾아올게."

"택배 왔어? 엄마한테 문자 안 왔는데?"

"나한테 직접 문자 왔어요."

발목까지 내려오는 검정색 롱 패딩을 입은 딸은 스마트폰만 손에 쥐고 밖으로 나갔다. 저녁상을 차리고 밥을 먹기 시작할 때까지 딸이 집에 오지 않았다. '택배 찾는데 오래 걸리네? 경비 어르신이 안 계시나?' 잠시 뒤 문 여는 소리가 들렸다.

"아약! 엄마. 우리 동 경비실에 택배가 없어서 111동 경비실까지 갔는데 거기에도 없어."

"그래서 늦었구나! 111동까지 갔는데도 없어?"

"응."

한손으로 휴대폰을 보고 다른 손으로 여드름을 뜯으며 딸이 대답했다.

"아. 대체 어디로 간 거야?"

"택배 온 건 맞아?"

"응. 여기 봐봐. 문자 왔잖아."

"주소를 잘못 보냈나?"

딸은 대답 대신 한참 휴대폰을 검색했다.

"아. 참 나. 택배를 101동 1502호로 보냈잖아. 그러니까 없지. 어휴…
다시 갔다 올게요."

잠시 뒤 딸은 택배를 들고 오른쪽 뺨과 어깨 사이에 휴대폰을 끼우고
통화하며 들어왔다.

"아 나 참. 뭐야 거기. 주소를 완전 잘못 썼어."

"수빈이 친구야. 이 추운데 수빈이가 세 번이나 택배를 찾으러 갔다 왔
어. 맛있는 거 사 줘. 꼭 사 줘야 해. 오늘 영하 1도야."

통화하는 수빈이 얼굴 옆에 내 얼굴을 대고 내가 큰 소리로 말했다.

"야. 우리 엄마가 나 택배 찾으러 이 추위에 세 번이나 경비실 다녀왔
다고 꼭 맛있는 거 사 주래."

자기 방에 들어가서 한참 통화하던 딸이 식탁에 앉았다.

"택배가 왜 엉뚱한 집 주소로 배달되었지?"

"그러게. 내가 주문했는데 왜 엉뚱한 주소로 갔는지 나도 모르겠네."

수빈이 친구들 택배가 우리 집으로 자주 온다. 언젠가 딸과 택배에 대해 나눈 대화를 회상해 본다.

"딸아, 친구들이 택배를 왜 우리 집으로 보내지?"

"엄마가 열어 보는 애들이 있데."

"딸 이름으로 온 택배를 엄마가 열어 본다고? 왜?"

나는 커다란 물음표가 세 개쯤 생겼다.

"뭐 샀는지 궁금하니까 열어 보겠지? 엄마가 열어 보고 잔소리한데. 그거 듣기 싫어서 우리 집으로 보내는 거야."

"정말? 엄마가 보면 안 되는 것들을 사는 거야?"

"일본 가수 씨디 같은 직구^{일본 현지에서 인터넷으로 직접 구매}상품도 있고 아닌 것도 있지."

"아닌 건 주로 어떤 거야?"

"목걸이나 반지, 화장품 같은 거. 돈 썼다고 잔소리 듣지."

"그렇구나. 우리 집으로 택배를 보내는 아이들의 상황이 안타깝다. 엄마는 딸 앞으로 온 택배를 뜯어 본다는 생각을 한 번도 해 본 적이 없어. 택배가 뭔지 궁금하면 물어보면 되고. 그러고 보니 엄마 친구들 중에도 택배를 친구 집으로 받는 엄마들이 있어. 남편이 뭐라고 한다면서."

"어른들도 그래? 와!"

"응. 있어. 그런 엄마들. 불쌍하지?"

"생각해 보니까 딸 친구 엄마가 무의식적으로 택배를 뜯어 볼 수도 있

164

을 것 같아."

"그래. 그럴 수 있겠다. 아니면 집에서 아예 택배를 못 받는 애들도 있어. 단독이어서 택배 둘 곳이 마땅치 않던가 아니면 낡은 아파트라서 경비실이 없는 그런."

"그럴 수도 있겠네. 사실 택배를 뜯어 보고 잔소리하는 엄마의 마음은 딸이 잘 되길 바라는 마음일 거야. 방법이 좀 그래서 그렇지."

"엄마와 친구 둘 다 기분이 나쁘다면 방법이 잘못되었다고 생각해."

"잘못된 방법에는 어떤 경우가 있을까?"

"공부하라고 엄청 뭐라고 하는 거. 기분 나쁘게 말할 때."

"그래. 말하는 엄마도 듣는 딸도 기분 나쁘면 방법이 잘못된 거지. 그런 마음을 편안하게 대화로 하면 되는데 사춘기 딸하고 나누는 대화가 쉽지 않아."

"맞아. 엄마하고 사이좋은 애들 별로 없어. 어떤 애들은 집에 택배가 너무 많이 와서 나한테 보내는 애들도 있어. 진짜 피치 못할 가족 사정으로 인해서 그럴 수도 있고. 인터넷 뱅킹 신청을 못하는 애들도 있어."

"인터넷 뱅킹을 왜 못하지?"

"통장이 없데. 몰라서 못하고 통장이 없어서 못하는 애들도 있어."

"아. 통장이 없어서. 통장을 꼭 부모님이 만들어 줘야 되나?"

"서류도 그렇고 학교 가야 하니까 혼자 가서 만들 시간이 없는 거지."

"그럴 수 있겠다. 네 통장 만들 때 주민등록등본하고 엄마 신분증 가져 갔던 것 같아."

"그럼 딸은 자기 이름으로 된 통장도 있고, 체크카드도 있고, 인터넷 뱅킹도 되고, 택배도 마음껏 받고 완전 자유이용권이네? 친구들이 부러워하겠다."

"그래서 내가 대부분 다 해. 대신 주문하고 입금하고 택배 받고."

"그럼 딸 귀찮지 않아?"

"귀찮은 데 대신 애들이 먹을 거를 줘. 과자, 음료수, 빵 먹을 때 한 입씩 줘. 내 한 입이 친구들 세 입이야. 그래서 한 입 먹고 많이 먹었다고 한 대 맞아. 친구들이 내 입이 크다고 주먹도 들어갈 정도래."

"한울아 누나 입이 커서 주먹도 들어갈 정도래. 엄마 닮았나 보다. 아빠도 커. 아니 아빠가 더 크다."

"내가 엄마, 아빠 닮았구먼! 엄마, 아빠 닮았어."

"택배 이야기하니까 재미있었던 택배 이야기가 생각났어. 언젠가 택배를 찾아서 집에 왔지. 열어 보니까 운동화가 들어있는 거야. 운동화 안 시켰는데? 하고 주소를 보니까 107동 907호 것을 잘못 가져온 거야. 다시 포장해서 우리 거하고 바꿔 왔지. 또 한 번은 택배 왔다고 전화가 왔어. 나중에 경비실에 찾으러 가니까 택배 장부에도 안 적혀 있고 택배도 없는 거야. 그냥 집에 왔지. 밤 10시가 다 된 시각이라서 택배 아저씨한 테 문자를 보냈더니 106동 2209호로 택배가 왔다는 거야. 106동에 2209호는 없는데 말이야. 보내는 사람이 주소를 잘못 쓴 거지."

"맞아 그런 경우 있어. 어릴 때는 내가 산타 할아버지를 기다렸는데, 크니까 택배 아저씨를 기다리네."

"하하하. 그건 엄마도 마찬가지야. 어디선가 반려동물도 택배를 반긴 다는 기사를 본 적이 있었는데 찾아보자."

집에 누워 있던 사람들을 벌떡 일어나 버선발로 달려 나가게 하는 소리가 있다. 바로 기다리던 택배가 도착했음을 알리는 "택배왔습니다."라는 소리다. 그런데 이 '택배'가 반가운 건 비단 사람뿐만 아닌 것 같다. 택배 아저씨의 방문을 격하게 반기는 동물들의 모습이 흐뭇한 미소를 자아낸다. 26일(현지 시간) 온라인 미디어 보어드판다는 택배 아저씨가 오기만을 기다렸다가 버선발(?)로 마중 나가는 동물들의 모습을 사진으로 소개했다. 미국에 본사를 둔 세계적인 물류 운송업체 UPS 는 트레이드마크인 커다란 갈색 트럭으로 방방곡곡 택배를 배송하고 있다. 매일 비슷한 시간에 같은 길을 따라 배송을 진행하기 때문에 동네 사람들과도 친분이 있지만, 그보다 더 깊은 친분을 자랑하는 것은 바로 동네의 '동물'이다. 매번 자신 의 눈앞에 '뿅'하고 나타나 선물을 주고 가는 듯한 택배 아저씨들의 모습에 푹 빠져 버리게 된 것이다. 동물들은 UPS의 택배 아저씨들이 도착하기만을 기다리며 때로는 반갑게 마중을 나오기까지 한다. 택배 아저씨들을 반기는 동물은 다양하다. 강아지와 고양이처럼 흔히 볼 수 있는 동물부터 염소, 거위까지. 물론 택배 기사들도 동물들의 격한 환영을 매우 좋아한다. 하루를 버틸 수 있는 원동력이 된다고. 택배 기사와 동물들의 '케미'는 이미 유명해져 온라인 페이지를 통해 즐길 수도 있다. 반가운 표정으로 택배 아저씨를 맞이하는 동물들의 귀여운 모습을 아래에서 감상해 보자.

- 인사이트, 2018. 5. 26. 〈"택배 왔다!"… '최애' 택배 아저씨 오면 버선발로 마중 나가는 댕댕이들〉

9

사람이 고양이한테 간택당한 거지

"엄마. 나 오늘 희진이네 집에 갔다 왔는데 희진이네 사과가 새끼를 낳았어. 진짜 귀여워. 봐봐."

딸은 한 손으로는 입을 가리고 다른 한 손으로는 스마트폰을 내밀었다. 사과는 희진이네 고양이 이름이다. 사진 속에는 하얀 고양이, 검은 반점이 있는 고양이, 노란 얼룩무늬 고양이들이 이제 막 눈을 뜬 듯 올망졸망 모여 있었다.

"어머. 너무 귀엽다. 눈 좀 봐봐."

이리 비틀 저리 비틀거리며 움직이는 고양이의 동영상을 보며 마치 좋아하는 연예인이라도 본 듯 "꺄!" 하고 소리를 질렀다.

"엄마가 고양이 발바닥 엄청 좋아하는데 그 보드랍고 오동통 촉촉한 감촉! 핑크 젤리 보고 싶다."

"하하하. 엄마 내가 그럴 줄 알고 찍어 왔지. 봐봐."

연한 분홍빛에 오동통한 고양이의 발바닥이 카메라 가득했다.

"꺅, 이 분홍 발바닥 좀 봐. 얼마나 푹신할까?"

딸과 머리는 맞대고 화면 속 고양이를 보며 '어머!', '예쁘다!', '천사야!'를 외친다.

"엄마는 어릴 때 집 안이든 밖이든 강아지가 항상 있었어. 엄마는 강아지를 무척 좋아했어. 고양이는 싫어했지. 왜냐하면 고양이는 밤에 보면 눈에서 빛이 나서 무서워. 강아지는 사람한테 와서 애교를 부리는데 고양이는 그런 게 없어. 결정적으로 고양이는 당최 무슨 생각을 하는 건지 알 수 없어. 그런데 신기하게도 요즘은 고양이가 좋네."

"고양이 은근 매력 있어. 엄마."

"그렇더라. 오늘 외출했다가 돌아오는데 놀이터에 있는 까만 고양이가 나를 보더니 '야옹' 그러는 거야. 내가 앉아서 손을 내미니까 오더라."

"걔는 앉으면 와."

"와서 머리를 쓰다듬어 줬더니 갸르릉 소리를 내더라. 너무 귀여운 거 있지? 엘리베이터 타러 들어왔는데 따라오더니 엘리베이터가 닫히니까 그 앞에 식빵 자세로 앉았어."

"걔 그래. 밑에까지 따라 오는데 엘리베이터는 안 타."

"한 삼십 분 지났나? 쓰레기 버리러 나갔는데 아파트 출입구 옆에 난간 있잖아. 거기에 식빵 자세를 하고 얌전히 앉아 있었어. 얼마나 예뻤는

지 몰라. 그때 마침 음식물 쓰레기를 버리려고 나갔던 거라서 뭐 줄게 있
나 하고 찾아봤는데 없었어. 아쉽더라."

"우리 동네는 시골이라 그런지 고양이를 싫어하거나 하는 사람이 없
는 것 같아. 서울 같은 대도시에는 덫을 설치하고 쥐약 먹여서 죽게 하고
그러거든."

"쥐약 먹여서 고양이를 죽인다고? 세상에. 우리 아파트에는 오히려 캣
맘고양이 먹이 챙겨 주는 사람이 있더라. 며칠 전에 보니까 플라스틱 통에 고양
이 먹이를 누군가 주었어. 자세히 보니까 차 밑에 있던데. 그 플라스틱
그릇에 고양이라고 써 놨더라고."

"하하하. 그거 대부분 자기 차 밑에다가 먹이를 주는 거야."

"아. 자기 차 아래에?"

"그래야. 사람들이 못 치우잖아."

"그렇구나. 얼마 전에 봤어. 여대생으로 보이는 사람이 놀이터 탁자 위
하고 의자 위에 플라스틱 통 여섯 개를 놓고 먹이하고 물을 주더라."

"아마 그 분은 고양이를 키우는 분일 거야. 먹는 공간을 분배해야 하는
것을 아는 사람이면 키우는 사람이야. 고양이는 물을 잘 안 마셔서 음수
대를 다른 형태로 준비하는 것도 좋은 방법이야. 고양이 질병의 80%가
수분 부족으로 오거든. 어떤 거는 볼 형태로 핥아먹을 수 있는 것, 바닥
에서 핥아먹을 수 있는 것, 고양이 전용으로 사기그릇처럼 생겼는데 물
이 퐁퐁 솟아 나오는 것 등이 있어."

딸의 이야기를 들으며 '아하. 그렇구나!' 고개를 끄덕였다.

"딸은 참 상식이 풍부해. 역시 동물 박사답다. 전에는 고양이 별로였는데 요즘 예쁘단 말이야."

"우리나라는 고양이하고 정서가 안 맞아."

"왜 안 맞아?"

"우리나라는 충忠 정신이 강하기 때문에 개를 좋아하지. 개를 좋아하다 보니 자연스럽게 고양이는 배제하거든."

"그러게 엄마도 강아지 좋아했는데."

"옛날에는 우리나라에서 개나 고양이 모두 집에서 키웠어. 공평하게. 아무래도 고양이를 좋아하지 않는 것은 일본의 영향인 것 같아. 일본에서는 여우나 고양이를 좋아하거든. 일본 식민지를 겪으면서 일본에 대해 거부감이 들었고 고양이도 함께 싫어하게 된 건 아닐까? 거기다가 서양에서 '검은 고양이는 불길한 징조다.'라는 말이 들어오면서 더 그런 것 같아."

"그럴수도 있겠다. 그럼에도 불구하고 엄마는 요즘 고양이가 예쁘다. 고양이를 좋아하는 엄마 자신이 신기해."

"우리 아파트에 사는 까만 애는 사람이 키웠던 것 같아. 그러니까 그렇게 사람을 좋아하지. 조금 쓰다듬어 줬다고 금방 골골송을 하는 걸 보면 길들여진 거지."

"아. 그걸 골골송이라고 하는구나!"

"응. 골골송이 어느 기관에서 소리가 나는 건지 아직까지 밝혀진 게 없데."

"오호. 신기하다."

"근데 귀여워."

"까망이가 엄마한테 '야옹' 그러는데 마치 '반가워. 어서 와. 뭐 먹을 거 있어?' 그러는 것 같아."

"사람들이 고양이를 데려다가 키우잖아 그러면 간택당했다고 해."

"고양이가 사람한테? 사람이 고양이한테?"

"사람이 고양이한테 간택당한 거지. 고양이가 사람을 보고 '야옹 야옹' 하잖아. 그러면 친구들이 '야. 나 고양이한테 간택당했다.'고 해."

"그렇지. 집사로 임명된 거지."

"응. 우리 집 주변에 고양이가 무척 많은 편이야. 친구들한테 자랑해. '우리 집 근처에 고양이 많다.' 하고."

"그래. 많지. 해피는 잘 있니?"

해피는 마트 가는 길에 사는 길고양이다. 사람에게 친근히 다가와 몸을 비빈다. 쪼그리고 앉으면 사람 허벅지 위로 냉큼 올라와 앉는다. 녀석에게 딸이 해피라는 이름을 지어 주었다. '해피' 하고 부르면 어디선가 '야옹' 대답하고는 모습을 드러낸다.

"해피 요즘 만날 싸워."

"누구하고?"

"치킨 집 근처에 까만 애가 한 마리 있거든. 걔랑 싸워. 구역이 비슷한가 봐. 요즘 그래서 해피가 치킨 집 근처에 잘 안 가는 것 같아."

"그렇지 그게 현명하지. 고양이는 얼마나 있으면 새끼를 가질 수 있어?"

"일 년 정도."

"일 년? 빠르네."

"응. 개하고 비슷해."

"고양이는 생후 삼사 개월 때가 가장 귀여운 것 같아."

"응. 그때가 제일 귀여워. 고양이는 자기가 사람을 먹여 주고 재워 준다고 생각한데."

"그러게 개는 주인이 먹여 주고 재워 준다고 생각하는데 고양이는 반대로 생각한다면서."

"우리 집은 고양이를 키우기에 안 좋은 환경이야. 캣 타워를 둘 공간도 없고 스크래처scratcher, 고양이가 마음껏 긁을 수 있도록 두는 물건 등를 둘 공간도 없으며 화장실을 둘 위치도 마땅치 않아. 우리 집에서 키우는 고슴도치인 하나하고 냄새가 겹쳐서 좀 그래."

"엄마는 고양이 키울 생각은 없어. 지금 하나하고 달팽이를 키우는데 밥 챙겨 주고 집 치우는 거 엄마가 거의 혼자 하잖아. 고양이 키우면 한 일주일은 딸이 챙기겠지만 그 뒤론 다 엄마 몫이야. 키우자고 해 놓고 무책임한 거 아닌가? 화도 났지. 어떤 강의에서 들었는데 청소년 시기는 무책임을 경험하는 시기래. 무책임을 실컷 경험해야 성인이 되어서 책임감을 가질 수 있다고 하더라고. 그 말을 듣고 우리 집 아이들의 무책임을 이해하기로 했지. '음. 코스대로 잘 성장하고 있군!' 하면서 말이야."

"오!"

딸은 한동안 나를 바라보았다. 그러고는 말을 이었다.

"스크래처를 안 두면 어떤 상황이 발생하느냐? 고양이가 소파나 커튼을 다 뜯어 놔."

"아. 그게 습성이니? 영역 표시니?"

"둘 다라고 할 수 있지. 본능이기도 하고. 집 고양이들은 그냥 긁는 걸 좋아해."

"엄마가 누구네 집에 갔었는데 소파를 다 긁어 놨더라."

"수직 놀이 공간이 부족하거나 장난감이 부족하거나 스크래처가 부족하면 그럴 수 있어. 소파를 애들이 다 긁어서 호러영화에 나오는 소파를 만들어 놔. 하하하."

"그 이야기 들으니까 집안 여기 저기를 긁어도 되는 고양이가 부러워졌어."

"그치? 그래서 내 장래 희망이 '부잣집 고양이'야. 꼭 부잣집이어야만 해."

"장래 희망이 부잣집 고양이라고? 하하하. 그럼 난 부잣집 고양이 엄마할래. 고양이가 되려면 고양이를 잘 알아야 하니까. 골골송에 대해서 알아보자."

<고양이 골골송을 이해하는 세 가지 방법>

고양이는 주로 기분이 좋을 때 골골송을 부릅니다. 반대로 몸이 안 좋을 때 스스로를 치료하기 위해 부르기도 합니다. 몸 상태가 나쁠 때 내는 '골골' 소리는 어리광을 부릴 때와는 약간 다릅니다.

① "아이 좋아." 어리광 부릴 때 : 고양이는 기분이 좋고 편안할 때 노곤한 표정으로 골골송을 부릅니다. 반려인과 스킨십을 할 때 골골거린다면 반려인을 좋아하고 의지한다는 뜻입니다. 고양이가 무릎 위에서 '골골'거린다면, 가능한 움직이지 말고 어리광을 맘껏 부리게 해 줍니다. 사료 그릇이 비었거나 간식을 먹고 싶을 때도 반려인 가까이 다가와 골골송을 부릅니다. 놀아 달라고 조를 때도 마찬가지입니다.

② 스스로 치유하기 위해 : 밥도 먹지 않고 몸을 웅크린 식빵 자세로 골골거리는 소리를 낸다면 몸이 좋지 않다는 신호입니다. 이 경우 고양이는 골골거리며 자신의 불안한 마음을 달래려고 합니다. 진찰대 위에서 골골거리는 것도 같은 이유에서입니다. 죽음을 앞둔 고양이가 골골송을 부르는 경우도 있다고 합니다.

③ 친하게 지내자 : 고양이들끼리 있을 때 골골송은 "나와 친구하자."는 의미입니다. 공격하지 않겠다는 신호를 보내 상대방을 달래고 안심시키기 위한 소리입니다. 짝짓기를 할 때 암컷의 기분을 위해 수컷이 골골 소리를 내기도 합니다.
골골송은 스트레스를 감소시키는 등 사람에게도 긍정적인 영향을 미친다고 합니다. 그래서 비반려인 사이에서는 심리적 안정을 유도하는 자율감각쾌락반응(ASMR)음원으로 유행하고 있습니다.

-네이버 지식 백과

4장
딸, 엉뚱한 꿈은 어때?

DREAM? JOB?

딱, 딱, 딱, 딱 떨어져

《82년생 김지영》 100만 부 돌파했더라

미스코리아가 되는 게 꿈이었어

시험이 인물을 못 알아보네

엄마, 나 안 태어나면 안 돼?

1

DREAM? JOB?

"딸은 꿈이란 소리를 들으면 어떤 생각이 들어?"

"일단 가지고 있지만 나이가 들어 가면서 에이, 나 몰라 다 때려 치는 거?"

"하하. 가지고 있지만 나이가 들어 가면서 나 몰라 하고 때려 치는 거? 열다섯 살밖에 안 되었는데 다 때려 친다고? 그런 생각이 든다니 안타깝다. 중학생이면 전혀 이루어질 것 같지 않은 엉뚱한 꿈을 꾸면 좋을 텐데 말이야."

"학교에서 현실적으로 가르쳐."

"어떻게?"

"진로 상담 같은 거 받을 때 우선순위에 두는 것이 재화야."

"재화가 뭐지?"

"재물 재財에 물건 화貨. 사람이 먹고 자고 마시는 것 등을 충족시켜 주는 모든 물건을 의미하지. 쉽게 말해서 돈이야. 진로 상담할 때 제일 먼저 생각하는 것이 적성과 맞으면서 돈을 많이 버는 것이야."

"아하. 진로 상담할 때 돈이 우선이 아니고 적성에 맞으면서 돈도 많이 버는 직업을 찾는다는 거네."

"적성에 아예 안 맞으면 대학도 그쪽으로 못 갈 거니까, 못 할 거라고 보는 것이고 암튼 거의 돈을 중심으로 하지."

"돈을 많이 벌 수 있는 직업으로? 아. 현실적이네. 좀 안타깝기도 하다."

"선생님이 이렇게 이야기했어. '직업은 돈을 잘 벌어야겠지요?'"

"그래. 맞는 말인데 뭔가 씁쓸하단 말이야. 그래서 돈을 잘 버는 직업 순위를 학교에서 알려 줬니?"

"아니. 그건 아니고. 나는 전업 작가가 되고 싶은데, 글 써서는 돈을 못 벌어. 굶어 죽기 딱 좋아!"

"하하하. 정말? 그건 네 생각이지. 아니다. 하긴 우리나라 사람이 책을 잘 안 읽으니까 그럴 수도 있겠다."

"어디서 봤는데 돈 못 버는 직업 중에 6위가 소설가야. 1위가 시인이고."

"아⋯ 1위가 시인이야? 이해된다. 시인."

아⋯ 하고 길게 탄식했다. 그럴 수 있겠다 싶다.

"성직자가 10위야. 소설가가 성직자보다 돈을 못 벌어."

"정말? 대한민국에서 시인과 소설가로 살기 어렵겠다. 그것을 전업으로 하긴 현실적으로 불가능하지. 딸 이야기를 들으니 순위가 궁금해졌어."

대화를 나눈 뒤 직업과 수입에 대한 자료를 찾아보았다. 딸의 대화하고 다른 면이 있지만 옮겨 본다.

〈한국에서 가장 돈을 못 버는 직업 TOP 10〉

1위 시인

2위 수녀

3위 신부

4위 육아도우미

5위 연극이나 뮤지컬 배우

6위 전도사

7위 보조교사

8위 농업, 어업, 단순 종사원

9위 소설가

10위 설문조사원

- 디스패치, 2018. 5. 9.

"있잖아, 엄마. 나 글 쓰다가 청부 살인할지도 몰라. 요즘 뉴스에 나오는 사건에 대해서 글 쓰다가 욱하고 화나서. 화나게 하는 남자들이 하나둘 생각나면서 분노가 폭발할 것 같아. 자신의 돈이나 명예로 여자의 성性을 사고파는 그런 사람은 죽어야지. 죽어야 해."

"아하. 그 사람들한테 조심하라고 알려 줘야겠다. 엄마는 딸이 청부 살인자가 되는 것을 원치 않으니까. 하하하. 어디선가 봤는데 꿈 그러면 우리나라 사람들은 꿈 앞에 무의식적으로 '불가능한' 이라는 단어를 붙인데. 반면에 미국 사람들은 '가능한' 이라는 단어를 붙인다네."

우리나라 사람에게 꿈은 '(impossible) 불가능한 꿈'
미국 사람에게 꿈은 '(possible) 가능한 꿈'

"이 이야기를 듣고 엄마가 많이 안타까웠어. 무의식에 이런 생각이 자리 잡고 있으니 영화 같은 창의적인 분야에서 우리나라 사람들이 두각을 나타내지 못하는 건 아닌가?"

"우리나라에서는 창의적인 무엇인가를 실현시킬 가능성이나 방법이 희박해. 사람들 대부분이 넓은 길로 가려고 하지. 그래서 그래."

"수빈이 이야기 들으니까 암담하네. 꿈과 직업과의 연관성에 대해서는 어떻게 생각해?"

"연관성 하나도 없어. 꿈은 꿈이고 직업은 직업이야. 왜냐하면 꿈이 글을 쓰는 거고 직업이 작가야 그러면 글쓰기가 싫어져."

"어머! 꿈이 글 쓰는 거고 직업이 작가면 글쓰기가 싫어진다?"

"누가 이런 말을 했는데 정말 재미있었어. 엄마 들어 봐요. 직업이 작가야. 글을 써야 하는데 하기 싫으면 방 청소하래. 방 청소하다 보면 방 청소하기 싫어서 글을 쓰고 싶어질 거라고. 다시 말하지만 이 사람 직업이 작가야."

"그래. 웃긴다. 책에서 읽었는데 꿈은 목적이지 수단은 아니라고 했나? 꿈은 수단이지 목적은 아니라고 했나? 기억이 잘 안 나네."

"꿈은 목적, 직업은 수단 아니야?"

"그런가? 어느 책에서 읽었는지 들은 이야기인지 생각이 잘 안나는데 어떤 사람이 프랑스에 갔데. 택시를 탔는데 기사님이 행복해 보이고 유쾌하시더래. 실제로 자신의 직업에 만족한다는 거야. 비결을 물으니까 오후 5시가 되면 택시 운전 퇴근이래. 저녁을 먹은 뒤에 자신이 좋아하는 기타 치며 노래하러 간다는 거야. 그것을 생각하니 온종일 행복하고 했데. 참 멋진 삶이지 않니?"

"돈을 버는 수단은 택시고 꿈은 가수인 거네."

딸이 말했다.

"그렇지. 멋지지? 우리나라에서는 현실적으로 그런 삶이 어렵거든."

"겁나 어렵지. 칼퇴근할 수 있는 것도 아니고."

"맞아. 우리나라에서는 낮에는 회사 일하고 밤에는 대리운전이나 택시를 하면서 살지."

"맞아. 아니면 낮에는 택시하고 새벽까지 편의점에서 알바를 하면서 살고."

"그래. 슬프지만 맞는 말이다. 그래야 애들 학원비라도 벌지. 우리나라 현실이 그래."

직업은 돈을 버는 수단이다. 맞는 말인데 왜 이리 씁쓸할까? 직업 선택에 적성과 돈이 중요하다. 중학생 진로 교육이 참 현실적이라는 생각이 들었다. 그나마 돈이 우선이 아니라 적성을 생각한다는 것에 안도의 한숨을 내쉬어야 하는 건가? 꿈과 직업의 관계에 대해서 다시 생각해 본다.

내가 생각하는 목적과 수단은 이런 것이다. 어렸을 때 옆집 할머니가 살고 계셨다. 그 할머니는 나를 굉장히 예뻐해 주셨다. 그런데 어느 날 할머니께서 돌아가셨다는 소식을 듣게 된다. 할머니께서 고열로 바닥에 쓰러지셨는데, 근처에 병원도 없고 할머니를 데리고 병원에 갈 수 있는 사람도 없어 할머니께서 돌아가신 것이다. 이 소식을 들은 아이는 충격을 받게 된다. "돈이 없어서, 주변에 돌봐주는 사람이 없어서 돌아가시는 사람이 없었으면 좋겠다." 이 생각을 이루기 위해 아이는 열심히 공부를 해서 의대에 가게 되고 의사가 되어 어려운 사람을 돌보는 사람이 된다. 이 아이가 의사가 된 것은 어려운 사람을 돕기 위함이었다. 의대와 의사는 이 목적을 이루기 위한 수단일 뿐이다.

- 안병조, 《버킷프로젝트》

2

딱, 딱, 딱, 딱 떨어져

"딸. 오늘 낮 1시 50분에 현관문 비밀번호 누르는 소리가 나서 깜짝 놀랐어. 이 시간에 누가 왔지? 하고 말이야. 딸이 들어와서 엄마가 더 놀랐지. 시험인 것도 모르고 있어서 엄마가 미안해. 어제 저녁 5시에 집에 와 보니 딸이 벌써 집에 와서 자고 있더라. 다음날 아침까지 계속 잤잖아. 그래서 어제 저녁도 같이 못 먹었고 대화할 시간이 없어서 시험인 것도 몰랐지 뭐니. 오늘은 이야기를 시작하기 전에 딸 시험 보느라 애쓰고 있으니까 먹을 것부터 시키자."

"그럼 피자 먹을까?"

딸이 좋아하는 피자를 주문하고 나와 식탁에 마주 앉았다.

"딸은 소설가가 꿈인데 딸 친구들 꿈은 뭐니?"

"조향사."

"조향사? 그게 뭐니?"

"화장품 같은 거에 향기를 만드는 사람? 향수를 만들기도 하고 제품에 알맞은 향기를 찾아주는 사람이라고 해야 하나?"

"어머. 그런 직업이 있어? 신기하다. 그 친구는 어떻게 그 꿈을 가지게 되었지? 엄마가 무척 궁금하다. 그 친구한테 물어봐 줘. 또 어떤 꿈이 있니?"

"메이크업 아티스트. 유튜브 크리에이터."

"메이크업 아티스트 같은 것은 요즘 인기가 좋은 직업이지. 유튜브 크리에이터는 뭐니?"

"'유튜브'에서 개인 방송을 하거나 동영상으로 리뷰를 올리는 사람."

"아, 그거. 요즘 아이들이 많이 꿈꾼다고 하더라. 친구들은 어떤 분야로 하고 싶데?"

"메이크업이나 뭐 자기가 좋아하는 분야로. 조회 수 올라가고 광고 붙으면 돈이 들어오니까."

"그래. 맞아. 《내가 상상하면 꿈이 현실이 된다》를 쓴 김새해 작가 유튜브 수입이 한 달에 이백만 원이라고 들었어."

"친구들이 남자 아이돌을 좋아하는데 유튜브에서 동영상 재생되잖아. 광고를 15초 이상 보거나 광고 링크를 많이 누르면 광고비를 더 많이 받는데. 그래서 일부러 눌러 주는 애들 많아."

"그렇구나. 유튜브 채널에 광고를 달면 하루 평균 몇백 명이 클릭을 한다. 그러면 '오, 거기 광고 클릭 수 많네.' 하면서 광고 수입이 올라가는 거지? 그래서 팬들이 그걸 알고 일부러 링크나 광고를 클릭해 준다. 그 거지? 딸이 그 이야기 하니까 생각났는데 어떤 여자 분인데 직장인이거 든. 혼자서 무엇인가를 꾸준히 하는 게 어렵데. 유튜브 채널을 하나 열어 서 새벽 5시부터 6시까지 공부하는 모습을 생방송하겠다는 거야. 대단 하지 않니?"

"그거, 이거 때문에 엄청 성공했어."

"뭐?"

"이거."

딸은 손을 자기의 얼굴로 가져가면서 이야기했다. 어떤 의미인지 몰라 한참 딸의 얼굴을 쳐다보았다. 그러고는 '유레카' 드디어 생각해 냈다.

"아. 얼굴? 그 방송하는 사람이 잘생겼나 보지?"

"응. 공부하는 걸 그냥 찍어서 올려. 한 시간 정도 라이브로. 그 사람이 잘생겨서 구독수가 엄청 나."

"그렇구나. 신기하다. 그렇게도 돈을 벌다니! 또 다른 꿈을 가진 친구 는?"

"약간 꿈은 아닌데 닌텐도 회사에 입사하고 싶은 친구가 있어."

"아. 닌텐도 회사. 거기서 무슨 일을 하고 싶은 거지?"

"입사하면 우선 말단 직원이지 뭐. 밑에서 구르고 배우다가 게임 개발 자를 한다 뭐 그런 거지."

"게임을 좋아하는 친구니?"

"응. 닌텐도 엄청 하는 애야. 일본 게임 회사는 자기 회사 게임을 엄청 좋아하는 그런 사람을 잘 뽑아. 왜냐하면 이 사람들이 게임에 어떤 점이 좋고 나쁜지를 잘 알고 있기 때문이지."

"그렇지. 게임을 좋아해서 수정, 보완점을 잘 알고 있다는 거잖아."

"응. 하는 사람만 아는 버그^{프로그램 상의 결함에 의해 컴퓨터 오류나 오작동이 일어나}는 현상라든지 그런 걸 잘 알아."

"그렇지. 게임을 해보지 않은 사람한테 어떻게 다 설명해. 아는 사람을 채용하는 것이 훨씬 유익하지."

"아무것도 모르는 사람도 교육을 시키면 돼. 하지만 경험에서 우러나오는 게 없는 거지."

"오. 경험에서 우러나오는 게 없다? 마치 회사에서 말단 직원들과 일해 본 팀장님처럼 말 하네, 우리 딸, 수빈이가 글을 쓰고 싶은 꿈을 가진 이유도 경험에서 우러나오는 건가? 닌텐도를 많이 해서 그 회사에 입사하고 싶다는 친구처럼 딸은 어릴 때부터 책을 장난감처럼 가까이 두고 책으로 놀이도 하면서 자랐거든. 자신도 모르게 책에 노출이 많이 되어서 그런 거 아닐까? 언제부터 글을 쓰고 싶다는 생각이 들었어?"

"이게 내 인생 최대의 난제야. 왜 그랬는지 언제부터인지 몰라. 기억이 안 나."

"하하. 그럴 수 있지 뭐. 예전에 수빈이가 했던 말을 기억해 보면 스마트폰이 생기고 SNS를 하게 되었지. 글을 어딘가에 올리고 사람들이 네가 쓴 글에 답글을 다니까 그것이 좋았다고 했어."

"응. 내가 좋아하는 가수를 주인공으로 해서 2차 창작물을 쓰기도 해. 그 글을 카페나 밴드에 올리는 거야. 웹툰 〈이런 영웅은 싫어〉 보면서 내 인생이 꼬이기 시작했어."

"꼬인다는 게 어떤 의미니?"

"입덕^{어떤 분야에 푹 빠져 마니아가 되기 시작했다는 뜻}하고 내 인생 망했어. 왜냐하면 입덕 하면 통장에 돈이 없어지기 시작하거든."

"그럼 입덕하고 2차 창작 많이 했어?"

"응. 많이 했지. 지금 그때 쓴 글을 생각하면 머리 깨고 싶어."

"엄마 보고 싶다. 한편 소개해 주라. 엄마가 쓰고 있는 책에 실어 줄게."

"으악. 싫어 안 돼. 악, 옥, 으, 웩, 움, 안 돼."

"온갖 종류의 이상한 괴성을 다 내네. 엄마에게 한 편 주라. 너는 원하지 않지만 엄마는 원해. 응?"

"안 돼. 싫어. 진짜 그건 아니야. 으악!"

"딸의 반응을 보니 정말 너무 싫은가 보네. 수빈이가 2차 창작한 것과 소설가의 꿈을 꾼 것과는 어떤 연관성이 있어?"

"그런 식으로 글을 쓰다 보니까 내가 어느 순간에 창작물을 쓰고 있더라고."

"오… 올."

"나만의 창조물을 만들고 있더라고."

"딸은 히가시노 게이고^{일본 작가} 좋아하잖아."

"응. 요시모토 바나나^{일본 작가}도 좋아해."

"히가시노의 어떤 면이 좋아?"

"문체가 내 취향은 아니야. 아주 간결해. 딱딱 떨어지는 것도 아니고 일본식 문체야. 그게 완전히 일본식으로 확 가면 요시모토가 되는 거고. 가려다 말면 히가시노가 되는 거지. 완전 서양 쪽으로 확 치우치면 아서 코난 도일^{영국 소설가}이나 아가사 크리스티^{영국 소설가}. 크리스티는 좀 괜찮은 편이다. 괜찮은 편인데 아서 코난 도일이나 에드거 앨런 포^{미국 소설가} 이런 사람들 문체가 되는 거고."

"그 사람들 문체가 이상하다는 뜻이니?"

"딱, 딱, 딱, 딱 떨어져."

"딱, 딱, 딱, 딱 떨어진다. 그게 어떤 의미일까?"

"엄청 날카롭고 세세해. 세세한 걸 다 묘사하는 건 또 일본식이야. 한국은 '그녀의 젖가슴'이란 표현이 무조건 나와."

"하하하. 그걸 일본식으로 표현하면 어떤데?"

"일본식으로 표현하면 더 나가지. '그녀의 뽀얀 젖가슴' 이런 식으로."

"하하하."

"일본은 기대할 게 못돼."

"그런 게 문체라는 거니?"

"문체라는 건 작가만의 스타일을 말해. 그런데 이게 또 스토리 하고는 달라요. 스토리를 어떻게 글로 녹여서 독자에게 전달할 것인가 하는 방법이 문체야."

"그럼 히가시노는 어때?"

"히가시노는 괜찮아. 내가 한쪽으로 완벽하게 치우친 문체를 좋아해서 그런 건지 모르겠지만, 히가시노는 적당하게 묘사 넣고 적당하게 추상적인 것을 넣어서 눈앞에 그려지는 생생한 묘사를 해. 요시토모 바나나는 문체가 예뻐."

"문체가 예뻐? 그건 어떤 의미일까?"

"응. 책의 느낌 하나를 표현하는데 '어두운 컴컴한 심해에 알록달록한 지나가는 물고기는 이미 살아있지 않은 듯 한 느낌' 이게 요시모토 바나나 《N.P》의 한 구절이야. 되게 괜찮아. 그런데 요시모토 책의 내용은 건전한 세계만 있지는 않아."

"엄마가 읽어 보니 그렇더라. 동성 연예도 나오고 읍! 이상했어."

"어둡고 암울하고 약간 피폐하고 정상적이지 않은 쪽으로 흘러가. 그런데 거기서 기괴한 아름다움을 뽑을 줄 알아."

"기괴한 아름다움을 뽑을 줄 안다? 오!"

"요시모토 바나나가 주로 다루는 주제가 근친상간이야. 역겨워. 두 번째로 자주 다루는 주제가 죽음."

"그런 암울한 주제를 수빈이는 왜 좋아하지?"

"일본 특유의 분위기니까."

암울한 분위기의 소설을 좋아한다면 수빈이 마음도 암울한 걸까? 취향이 독특한 걸까?

3

《82년생 김지영》100만 부 돌파했더라

"딸아. 신문에서 봤는데《82년생 김지영》출간 2년 만에 100만 부 돌파했데."

"그 책은 사회적으로 이슈가 될 때마다 사람들이 사거든."

"어떤 이슈?"

"페미니즘. 엄마 읽어 봤어?"

"아니. 책 내용 이야기 좀 해 줘."

"김지영 씨가 죽은 사람들 빙의를 해."

"어머! 무서워."

"어느 날 술 먹다가 갑자기 남편보고 직장 상사가 하는 말투로 말을 해. 그 다음 날 일어나면 기억이 없어. 김지영씨는 딸 둘에 아들 하나인 집에서 자랐어. 아들만 계속 띄워 주는 그런 어린 시절을 보내지."

"어. 공감된다. 딸 중에 한 명이 김지영이야?"

"응. 중학교 때는 정말 아무렇지도 않게 성희롱당하는 삶을 살아. 학교하고 학원에서 선생님하고 남학생에게 당하지. 학교에서 어떤 남자애가 '너 유인물 돌릴 때 웃으면서 돌리잖아. 나 좋아하는 거 아니었어?' 그러면서 남자애가 학교 밖에서도 계속 따라다니는데 어떤 여자 분이 구해 줘. 그 남자 완전 스토커지."

"도와준 여자는 성인이야?"

"응. 딱 봐도 학생 것이 아닌 스카프를 흔들면서 '학생 이거 떨어뜨렸어요.' 하면서 구해 줘."

"그 여자 분이 놀랜 지영 씨를 달래서 아빠한테 보내는데 아빠한테 엄청 혼나. 여자가 칠칠맞게 그러고 다니냐고. 잘못한 건 그 남자잖아. 그런데 지영 씨가 혼나."

"어머 웬일이야. 지영 씨를 달래 줘야지. 오히려 혼난다고?"

"응. 시간이 흘러서 지영씨가 결혼해. 결혼하는데 아기를 가졌어. 나는 더 일하고 싶어. 더 일하고 싶은데 회사에서 나가래. 출산 휴가에 육아 휴직을 쓸 게 뻔하니까."

"으… 응."

딸이 이야기하는 내내 '으 응.' 하며 공감의 콧소리를 냈다.

"애를 낳고 몸이 다 망가졌어. 망가졌는데 남편 놈은 나한테 밥하래. 회사 팀장은 애를 낳고 며칠 만에 출근했어. 그것 때문에 미안하다고 해.

왜냐하면 팀장이 애를 낳고 바로 회사에 나왔어. 그러면 아래 직원들은 눈치 보여서 출산 휴가를 쓸 수가 없잖아. 그래서 너무 미안해 해. 이러지도 저러지도 못하는 상황이야."

"그래서 김지영 씨는 잘렸어?"

"회사의 압박에 못 이겨서 그만두고 나왔어. 애기를 유모차에 태우고 나와서 아이스크림인가 아이스커피를 사서 벤치에 앉아 있어. 그때 공원에 나온 회사원들이 부러운 눈으로 김지영 씨를 바라보면서 남편이 벌어다 주는 돈으로 편하게 놀고먹는다고 말해."

"아. 남편이 벌어다 주는 돈으로 놀고먹는다고. 그런 말 참 쓸쓸하겠다. 김지영 씨 마음 공감된다. 그럼 빙의는 뭐지?"

"정확하게 안 나와. 그냥 그렇게 끝나. 우울증인지 무기력증인지 모르게."

"아. 우울증인지 빙의인지 모르게 그냥 그렇게 끝난다고. 여운을 남기고. 거 참 감칠맛 나네."

"내가 집중한 건 스토리가 아니야. 진짜 그게 여자의 삶이잖아. 어딘가에 김지영 씨가 실제로 살고 있다고 해도 무방해."

"그렇지. 실존 인물로 충분히 가능해."

"남존 여비 사상과 어머니의 당연한 헌신. 소설 속 아버지는 돈도 안 벌면서 만날 집에 드러누워서 잠만 자."

"김지영 씨네 아버지가 일도 안 하면서 잠만 자?"

"김지영 씨네 아버지는 자꾸 화를 내. 가정 폭력을 넣을까 말까 고민하

194

는 모습이 보이긴 했어. 넣으면 트라우마 있는 집이 좀 그래서."

"아. 아버지의 가정 폭력을 넣으면 그것으로 인해서 김지영 씨가 트라우마가 생겼고 그래서 그렇다, 라고 할까 봐?"

"아니. 그게 아니고 거기에 가정 폭력을 넣으면 가정 폭력을 경험했던 사람들이 소설을 읽기가 힘들까 봐."

"아하!"

"우리나라에 가정 폭력 트라우마가 있는 사람들이 진짜 많아. 그래서 안 넣은 것 같아."

"그렇구나!"

나는 가늘고 긴 감탄사를 내뱉었다.

"이게 대한민국의 현실이라고. 스토킹 한 남자애가 잘못한 건데 지영 씨만 혼나는 모습. 또 넘어가서 출산 휴가, 육아 휴직 쓰기 무서워서 그냥 직장 나오고 팀장이 출산 직후에 바로 복귀해서 다른 직원들한테 미안해하는 거. 이게 현실이라고. 이러면 안 되는 거잖아."

"어느 기사에서 보니까 '젠더'하고 '페미니스트'에 눈을 뜨게 한 소설이라고 하더라. 2년 만에 100만 부래. 엄청 나다. 그치?"

"그럴 만했어. 남자들이 어떤 사건을 벌일 때마다 부각되었으니까!"

"딸. 너도 100만 부 책 쓸 수 있어."

김지영. 우리 곁 어디에나 있는 흔한 이름이 2018년 지금 한국 여성을 대표하는 위상을 얻었다. 2016년 출간된 조남주 작가의 《82년생 김지영》 덕분이다. 《82년생 김지영》은 2년 만에 100만부 판매를 돌파했다. 2007년 김훈의 《칼의 노래》, 2009년 신경숙의 《엄마를 부탁해》 이후 9년 만이다. 가슴을 뜨겁게 하는 이순신 장군, 눈시울을 붉히게 하는 엄마가 아닌 평범한 여성의 이야기, 그것도 페미니즘에 대한 거부감이 상당한 한국에서 그야말로 기적 같은 일이다. 이런 기적은 어떻게 가능했을까?

페미니즘 책이 눈에 띄게 팔리기 시작한 것은 2016년이다. 출판계도 깜짝 놀랄 정도의 판매량은 20대를 위시한 여성들이 주도했다. 한국 사회의 여성 혐오를 온라인에 국한된 것으로 애써 부정하던 여성들은 강남역 여성 살인 사건을 통해 '말이 칼이 되는 순간'을 목도했다. 범인은 남녀 공용 화장실에 숨어서 여섯 명의 남성을 그냥 보내고, 일곱 번째이자 첫 번째로 들어온 여성을 죽였다. 게다가 범인은 "여자들이 나를 무시해서 그랬다."고 밝혔다. 명확한 증거와 자백에도 불구하고 경찰은 조현병 환자가 저지른 '묻지마 살인'으로 규정하여 여성 혐오 사건임을 부정했다. 자발적으로 강남역에 모인 여성들은 "살女 주세요." "살아男았다."라고 쓴 포스트잇을 붙이며 슬픔과 분노를 표출했다.

강남역 사건을 계기로 여성들은 일상에서 반복적으로 경험하는 차별을 해석할 언어를 갖기 위해 페미니즘 책을 찾기 시작했고, 이때 《82년생 김지영》이 나왔다. 82년생뿐 아니라 세대를 초월해 여성이라면 누구나 겪는 경험을 담은 이 책은 '나를 이해해 주고 설명해 주는 내 이야기'였다. 여성들은 김지영에 깊이 공감했지만, 김지영과는 달랐다. 김지영은 고립돼 목소리를 잃었지만, 여성들은 적극적으로 자신의 감정과 생각을 말했고, 소통하고, 연대하고, 실천했다. 또한 주위의 남성들에게 자신의 '자서전' 같은 이 책을 선물했다. 강남역 여성 살인 사건으로 여성 혐오의 심각성을 비로소 인지한 남성들은 책을 통해 일상화된 여성 혐오를 이해할 수 있게 되었다. 《82년생 김지영》의 대중성은 자신을 설명하고 주위의 남성들과 소통하려는 여성들에 의해 지지받고 확산됐다.

이렇게 탄생한 수많은 김지영들은 한국 사회에 젠더 문제를 이슈화시키고 견인했다. 강남역 여성 살인 사건 이후 자신들이 경험한 성폭력, 성차별을 지속적으로 공론화해 올해 미투 운동의 기반을 닦았다. 미투 운동을 계기로 다양한 젠더 폭력으로 의제를 확대해 디지털 성범죄, 데이트 폭력 등 지금까지 주목받지 못했지만 심각한 범죄들을 수면 위로 드러냈다. 페미니즘 교육 초·중·고 의무화와 낙태죄 폐지 청원을 올려 정부의 답변을 받아 냈고, 혜화역에 수차례 수만 명이 모여 불법 촬영 편파 수사를 규탄했다. 또한 독박 육아, OECD 국가 중 부동의 1위인 성별 임금 격차 등 노동 이슈를 제기해 아이돌봄지원법, 남녀고용평등법 개정안을 비롯한 '김지영법'이 발의됐다.

페미니즘이 대중화, 세력화되는 동안 줄곧 여성들의 곁에 있었던 《82년생 김지영》은 페미니즘의 대명사가 되었다. 따라서 페미니즘에 대한 거부 반응도 이 책에 집중되고 있다. 책에 대한 폄하, 여성들의 보편적 경험이 아닌 과장이라는 반응, 책을 언급하거나 영화에 출연하는 여성 연예인들에 대한 무차별 공격 등이다. 하지만 이러한 거부 반응으로 페미니즘의 대중화, 세력화를 막기는 버거워 보인다. 책이 논란이 될 때마다 판매량은 급증했다.

《82년생 김지영》 100만 부 판매는 폭력과 차별에 침묵하지 않고 자신의 목소리를 내려는 '용기', 가부장적인 한국 사회를 변화시키고자 하는 '도전', 여성 혐오에 방관하거나 공모했던 자신에 대한 '성찰', 세력화되는 페미니즘에 대한 거부 반응까지 다양한 씨실과 날실이 엮인 결과물이다. 이 씨실과 날실은 앞으로도 끊임없이 교차되어 한국 사회의 성차별을 공론화하고 논쟁을 만들고 결국 이길 것이다. 김지영들이 아래로부터 성평등 민주주의를 실현시키고 있다.

- 경향신문, 2018. 12. 2 . 〈[시론]한국 여성을 대표하는 이름 82년생 김지영〉

4

미스코리아가 되는 게 꿈이었어

"딸. 엄마 어릴 때 꿈이 뭐였는지 물어봐 주라."

내 말에 딸이 허탈한 웃음을 짓는다. 질문을 해 놓고 딸이 대답도 하기 전에 내가 말했다. 얼굴 가득 웃음을 품은 채로.

"엄마의 꿈은 말이지. 어릴 때 남동생은 잘생기고 멋졌어. 엄마는 하도 못생겨서 별명이 '메주'였거든. 그것도 옥상에서 떨어진 메주. 그래서 미스코리아가 되는 게 꿈이었어."

"미스코리아 선발 대회 인권 침해라고 없어졌잖아. 신체 사이즈를 알려 주는 게 여성 인권의 후퇴라고."

"신체 사이즈를 알려 주는 것이 인권 침해라고? 어머나! 놀래라. 엄마는 지금까지 그런 생각을 안 해 봤는데 듣고 보니 그렇다. 지금은 안 하니?"

"안 해. 도대체 방송에서 신체 사이즈를 왜 알려 주는 거지? 그런 대회가 있다는 것이 기괴하지. 그걸 방송으로 내보내는 것은 더 기괴하고."

"엄마는 텔레비전을 안 봐서 안 하는지도 몰랐네. 미스코리아 선발 대회가 이상하다고 생각 안 했는데 듣고 보니 이상하다. 하하하. 암튼 엄마 꿈은 예뻐지는 거였어. 또 글을 쓰고 싶었어. 초등학교 5학년 때였던가? 시나리오를 썼지."

"어떻게?"

"잘 생각은 안 나지만 이렇게 쓴 것 같아."

4학년 승민이는 어깨가 축 처져서 교실에 들어왔다. 땅만 쳐다보고 힘없이 자기 자리에 앉았다. 두 눈에서는 금방이라도 눈물이 주르륵 흘러내릴 것만 같았다.

희영 : (자리에 앉아 있는 승민이 쪽으로 걸어가면서) 승민아, 안녕. 어? 너 어디 아파?

승민 : (여전히 고개를 떨구고 대답은 하지 않은 채 고개를 양옆으로 흔든다.)

희영 : 그럼 아침에 엄마한테 혼났어?

승민이는 책상에 엎드려 눈물을 흘렸다. 희영이는 그런 승민이를 보면서 어떻게 해야 할지 몰랐다. 그때 현수와 정훈이가 실내화 가방을 빙빙 돌리며 교실로 들어왔다. 둘은 어제 텔레비전에서 본 로봇 만화를 흉내 냈다. 희영이는 승민이를 혼자 두고 자기 자리에 앉았다. 짝꿍과 이야기를 주고받았지만 어쩐지 승민이가 자꾸 마음에 걸렸다. 현수와 정훈이가 시끌벅적하게 교실에 들어와 승민이 등을 건드렸다.

　현수 : 야. 이승민. 이것 봐. 정훈이 실내화에 구멍 났다.

　정훈 : 이거 봐. 손가락도 들어가. 하하하.

　현수 : 자냐?

"여러 가지 어려움을 겪은 승민이가 씩씩하게 헤쳐 나가는 이야기인 듯 해. 저렇게 시나리오를 쓰고 친구들한테 읽어 보라고 돌리고 그랬어. 지금 생각하면 웃음이 나지."

"오, 엄마도 나처럼 글 쓰는 걸 좋아했구나!"

"그랬나 봐. 딸하고 이야기하다 보니 엄마 어릴 적 생각이 새록새록 나네. 그때 그림을 좋아하는 아이들은 만화를 그렸어. 공책을 가로 10cm, 세로 3cm로 자르는 거야. 한 장씩 넘길 때마다 조금씩 그림에 변화를 주어서 왼손으로 공책을 잡고 오른손으로 빠르게 스르륵 넘기면 움직이는 만화가 되지. 김은숙이라는 친구였는데 그림을 아주 잘 그리는 친구였어. 지금 어디서 무엇을 하는지 궁금하다."

"어디선가 그림 그리면서 살고 있겠지."

"그렇겠지? 보고 싶다. 앞니 하나가 빠졌는지 가짜 이빨을 꼈다 뺐다 하면서 우리를 웃겼는데. 초등학교 때 엄마가 썼던 글을 지금도 가지고 있다면 참 좋을 텐데 아쉽다."

"아마 지금 보면 엄청 유치할걸?"

"그렇겠지. 보여 주기도 부끄러울 거야. 그럼에도 불구하고 그때 쓴 글이 보고 싶다. 다 따스한 추억이잖아. 중학교 때는 꿈을 품을 여유가 없었으니까."

"왜?"

딸이 졸린 듯 눈을 반쯤 감고 별 관심 없는 얼굴로 물었다.

"부모님이 집 안 물건을 집어 던지면서 다투셨거든. 엄마가 초등학교 때 외할아버지가 교통사고로 장애인이 되었는데 중학생이 되고 보니 그런 집안 사정이 눈에 들어왔던 것 같아. 그래서 꿈을 가진다는 건 사치였어. 중학교 3학년이 되면서 인문계 고등학교에 가는 게 꿈이라면 꿈이었을지도 모르겠다. 고등학생 때 꿈은 사회복지사였어. 어린 시절이 많이 힘들고 불우하다 보니까 사회복지사가 되어서 남을 도와주고 싶었던 것 같아."

"엄마 무지 착하다."

"그런 가? 사회복지사라는 직업이 지금은 각광을 받지만 그 당시에는 관심 밖의 영역이었지. 우리나라가 잘 살게 되면서 사회복지에 관심을 가지게 된 거니까. 만약에 지금 말이야. 엄마가 모든 여건을 충분히 다 갖추고 하고 싶은 것을 마음껏 할 수 있다면 대학원을 갈 것 같아. 공부하고 싶어."

"공부? 역시 엄마는 특이해. 공부를 왜 하고 싶을까?"

"상담 심리나 감정 코칭 같은 쪽으로 내면을 들여다보는 공부를 하고 싶어. 미국으로 유학도 가고 싶고. 한국으로 돌아와서 사람들의 내면을 건강하게 도와주고 그들의 삶의 질을 향상시켜 주고 싶어."

"엄마가 나대신 학교 가면 좋겠다."

"중학교로? 오우. No. 중학교는 사양하겠어요. 따님. 대학원 가고 싶다고요. 대, 학, 원."

"대학원 다니면 사람 미친다는데, 교수 때문에 사람 미친데."

"교수가 힘들게 해서?"

"응. 코끼리를 냉장고에 넣는 방법을 교수님한테 물어봤어. 교수님이 음… 하고 생각하다가 '얘. 수현아. 내일까지 코끼리를 냉장고에 집어넣고 와라.' 그런데."

"하하하. 웃긴다. 그러니까 미치지. 암튼 엄마는 공부를 더 하고 싶어. 미국에 가서 선진국의 심리 상담이나 감정 코칭을 배워서 교수가 되고 싶어. 엄마의 꿈 어때?"

"여성 교수 힘들 텐데…. 유리 천장이잖아."

"아. 예, 예. 전에 말했던 유리 천장 말이구나!"

딸과 나누었던 이야기가 생각나 고개를 끄덕이며 대답했다.

"그냥 엄마 미국에서 교수직도 다 따고 와. 그게 편해."

"아. 그런 것이 가능해? 생각도 못했네. 알겠어. 다 따고 올게. 하하. 바로 이루고 싶은 꿈이 있다면 이런 거야. 엄마가 살고 싶은 집은 한 50평 정도. 안방에 드레스 룸과 욕조가 있고, 앞뒤로 창문이 있어서 통풍과 채광이 잘 되고 잘 정돈된 서재. 창문이 있고 6인용 대리석 혹은 고급 나무 소재로 된 식탁과 깔끔한 수납 공간과 펜트리 룸. 딸 방은 침대, 책장, 옷 등이 있고 정글 같은 방. 문을 열면 열대 식물들이 자라고 있고 레오파드

게코 도마뱀이나 뱀 같은 귀여운 애들이 돌아다니는 방. 어때?"

"엄마. 걔네 관리비 비싸."

"걔들 관리비 비싸? 돈 많음 되지 뭐. 자유분방하고 자연이 살아 숨 쉬는 그런 방. 어때 너랑 어울리지? 한울이 방은 기본적인 가구가 다 있겠지. 거기에 직접 만든 비행기나 기차 같은 것이 움직이고 있는 그런 방. 음. 생각만 해도 입가에 미소가 지어 진다."

"엄마. 한울이 뜨개질시켜."

"한울이는 앉아서 손으로 하는 건 다 잘하니까. 뜨개질도 잘할 거야. 그런 집에 살고 싶어. 그리고 15평 정도의 테라스가 있고 자연이 보이는 그런 집 말이야. 논이나 밭, 개천도 괜찮고 좋은 이웃들과 함께 운동도 할 수 있고. 총 5층 정도에 우리 집은 2층이나 3층 정도? 걸어서 10분 이내에 도서관, 지하철, 초·중·고등학교가 있고 조용한 그런 집."

"엄마 집 근처에 초·중·고등학교가 있으면 시끄러워."

"그런가? 집 뒤에 학교가 있으면 안 시끄럽지. 걸어서 10분이면 1km 정도 거리가 있다는 이야기고."

"집값 엄청 비쌀 텐데."

"돈 많으면 가능하지. 엄마의 집에 대한 꿈을 듣고 보니 어때?"

"내가 분가하기 전에 실현될 수 있을까?"

"실현될 수 있다고 봐. 이게 실현되면 좋지 않겠어?"

"난 다 되었고. 원룸이라도 좋으니까 빨리 독립하고 싶어. 원룸이라도 좋으니까 빨리 독립할래."

"독립? 그래. 좋은 생각이야. 얼른 독립하렴. 원룸에서 어떻게 살고 싶은데?"

"일단 방은 돼지우리가 되겠지."

"하하하. 그렇겠지. 우리 딸 참 솔직하단 말이야. 독립하고 싶은 이유는 뭐니?"

"그냥. 내 멋대로 살고 싶어서."

"멋대로 살아보고 싶구나! 언젠가 그런 날이 오겠지. 딸 파이팅! 어서어서 독립하렴. 부탁이야."

어릴 적 나의 꿈 이야기를 하면서 딸보다 훨씬 많은 말을 했다. 딸이 대답을 하기도 전에 혼자 신나서 말했으니 말이다. 꿈은 그런 것이다. 생각만 해도 가슴이 설레고 할 말이 많아지는 그런 것.

5
시험이 인물을 못 알아보네

남편의 꿈은 무엇이었을까? 남편과 진지하게 꿈에 대해 이야기해 본 적이 있었나? 남편과 딸과 내가 식탁에 둘러앉았다.

"당신 초등학교 때 꿈은 무엇이었나요?"

"과학자."

남편이 대답했다.

"비커 들고 비커 안의 용액을 들여다보고 뭐 그런 거? 영화 같은 거 보면 흰 가운 입고 비커에 용액 담아서 이 컵에 부어 보고."

딸이 줄줄 이야기했다.

"그렇지."

남편은 바로 그거야 하는 표정을 지었다. 마음속 깊은 곳에서 올라오는 것 같은 '그렇지'라는 대답이었다.

"아하. 비커 속 반응을 유심히 살피고 또 다른 컵에 부어 보고 안경을 쓸어 올리며 자세히 주목하는 눈빛을 가진 과학자? 그건 화학자 아닌가? 암튼. 어떻게 그런 꿈을 가지게 되었어요?"

"그냥 막연히 과학이 좋았어. 과학 성적도 잘 나왔고."

"초등학교 저학년 때겠지."

철모를 때 이야기지 하는 말투로 딸이 말했다.

"그랬나? 저학년 때인지 고학년 때인지 기억이 안 나네."

"딸. 엄마 아빠 초등학교 때면 지금으로부터 삼십 년도 더 된 이야기야. 그때는 고학년 때도 막연히 좋아 보이는 꿈을 꿀 정도로 순수했지."

"맞아. 그때는 그랬지."

"중학교 때 꿈은 뭐예요?"

"중학교 때는 꿈이 없었어."

"꿈이 없었어?"

"응. 예전에도 이야기했지만 가난이 싫었거든. 그래서 꿈이 없었나 봐."

"그랬구나. 중학교 때는 주로 무엇을 하면서 지냈나요?"

"딱히 한 것이 없어. 시골 학교라서 반이… 여자 반이 세 개. 남자 반이 세 개였나? 암튼 그랬어. 버스 타고 학교 다녔고."

"아빠도 지옥 버스 타고 학교 다녔구나."

"학교 끝나고 집에 와서는 뭘 했어요?"

"밥하고 설거지하고 그랬지."

"딸. 아빠는 중학교 때 집에 와서 밥하고 설거지했는데."

"옛날부터 했네."

딸 대답이 참 쿨하다.

"학교 끝나면 몇 시였지? 요즘은 한 4시 30분 정도면 끝나는 것 같은데."

"우리 때는 6시 정도에 끝났어. 수업 끝나고 자율 학습했어."

"당신 중학교 때 자율 학습을 했다고요?"

"엄마. 지금도 그런 학교 있어."

"지금도 있다고?"

내 눈이 커졌다.

"난 그런 거 없었는데… 신기하다. 당신 공부 잘했을 것 같아요."

"공부 잘했지. 말이 자율이지 타율 학습이었어."

남편이 대답을 하자 딸은 성난 고릴라처럼 입을 닫고 코로만 숨을 거칠게 내쉬었다. 숨 쉬는 소리가 크게 들렸다.

"딸. 왜? 왜 왜?"

"배신감 든다, 진짜. 엄마도 공부 잘하고 아빠도 공부 잘하고 나만 못하잖아."

"엄마도 학교 다닐 때 공부 못했어. 대학 가서 잘 했지. 그리고 너 머리 좋아."

"아니야."

"네가 몰라서 그렇지 딸 머리 좋아. 당신 고등학교 갈 때 시험 봐서 갔나요?"

"응. 어느 정도 이상 성적이 나오면 인문계."

"청주에서 청주 고등학교가 제일 공부 잘해요?"

"인문계 고등학교를 정해 놓고 시험 보는 것이 아니고 커트라인 이상이면 인문계 아니면 실업계로 나뉘었어. 인문계 안에서는 뻉뼁이 돌리고."

"보통 그 도시 이름을 가진 고등학교가 공부를 제일 잘하잖아요. 일명 명문 고등학교라고 하지요. 난 당신이 공부 잘해서 청주고 간 줄 알았네."

"엄마. 요즘은 실업계도 공부 잘해야 돼."

"그러니? 실업계라기보다는 특성화 고등학교라는 말을 쓰더라. 대학을 목표로 하지 않는 실업계가 공부를 잘해야 한다니 반가운 소식이야. 당신 고등학교 때 꿈은 뭐였어요?"

"고등학교 때도 꿈이 없었어."

"꿈이 없었어요? 왜 그랬을까? 그럼 가고 싶은 과는 있었어요? 좋아했던 것은?"

"좋아했던 거? 없었어."

"그게 뭐야. 그럼 목적 없이 공부만 했다는 이야기잖아요."

"그렇지."

"목적 없이 공부만 했다니 아빠 완전 대한민국의 표준이다. 그게 대한민국의 현실이야."

"그럼 대학 진학할 때 과는 어떻게 정했어요?"

"진로? 어느 과가 돈을 잘 버는 가? 생각했지."

"솔직히 회사는 돈이지."

딸이 그러면 그렇지 하고 목소리를 높였다.

"가난이 싫었으니까."

남편이 말했다.

"아, 가난이 싫어서."

남편의 말이 촉촉이 내 가슴에 와 닿았다. 그래서 그랬구나.

"회계사가 돈을 잘 번다고 해서 경영학과 갔지."

"아. 그래서 당신 공인회계사 공부했던 거구나! 공인회계사 공부 몇 년 했어요?"

"3년 했지. 3년 공부했는데 떨어졌어. 공인회계사가 3대 고시 중에 하나야. 사법고시나 행정고시처럼."

"움… 로스쿨!"

딸은 사법고시라는 말을 듣고 아까 냈던 고릴라가 숨을 코로만 쉬는 듯 힘차지만 좁은 공간으로 힘겹게 밀고 나오는 거친 숨소리를 냈다.

"아주버님이 행정고시 본 건가요?"

"응. 5급 사무관이지."

"와. 엄마. 머리로는 피가 안 가나 봐."

딸이 어이가 없다는 표정으로 말했다.

"딸. 너한테도 피가 갔어. 너 머리 좋다니까. 네가 몰라서 그렇지."

"아니야. 나 아니야. 나 아니고 쟤한테 갔어."

딸은 남동생을 손가락으로 가리켰다.

"만약에 아빠가 공인회계사 시험에 합격했으면 너는 세상에 태어나지 않았을 수도 있겠다. 그치?"

"그러네."

"아빠가 대학 졸업을 10년 만에 했어. 1992년도에 입학해서 2001년에 졸업했으니까. 대학 다니다가 졸업 유예하고 공부했거든. 중간에 군대도 다녀왔고 그러니 10년이지 뭐. 공부한다고 고시원도 들어가고 학교 도서관도 다니고 그랬지."

"자기 그랬구나. 애 많이 썼네요. 그 시험 무척 어려운가 보다. 당신이 떨어지는 걸 보니. 자기 같이 공부 잘하는 사람도 공인회계사 시험에 떨어지다니, 시험이 인물을 못 알아보네. 자기는 인성도 좋은데 공인회계사 시험이 바보다. 인물을 못 알아보았으니. 갑자기 당신이 위대해 보이네요."

"뭐가 위대해. 위대하긴. 떨어졌는데."

"3년 공부했다는 게 대단하지. 공인회계사 시험에 도전했다는 것 자체만으로도 멋지다. 공인회계사 시험 떨어지고 그 다음에는 어떻게 했어요?"

"취업해야지 뭐. 토익 시험 없는 회사로 골라서 갔지."

"하하. 토익 없는 회사로 골라서 지원했데. 당신 신입 사원 채용했을 때 1등으로 입사했다면서요."

"응. 회사의 채용 기준이 누가 중간에 그만두지 않고 끝까지 다닐 것인가였던 것 같아."

"그만두지 않고 끝까지 다닐 사람을 뽑았다고요. 왜?"

"힘드니까. 힘들었어. 재미있기도 했고. 매달마다 돈 나오잖아. 그래서 다녔어. 집에서는 아무리 농사 일 해도 돈을 안 줬거든."

"너 어떻게 생각하니 딸? 집에서 농사 지어도 돈을 안 준데."

"난 그럼 집 나갈 거야. 왜 집에 있어?"

"하하. 그렇지. 딸? 자기 입사하고 꿈은 뭐예요?"

"임원 되는 것"

남편의 꿈에 대해서 이야기 나눈 이 시간이 참 소중했다. 가난이 싫어서 돈 잘 버는 과를 선택했다는 남편. 마흔이 넘은 그의 꿈은 지금 다니는 회사 임원이란다. 당신의 꿈은 반드시 이루어집니다. 뜨겁게 응원할게요. 아자!

6

엄마, 나 안 태어나면 안 돼?

네 식구가 아침밥을 먹으러 앉았다.

"딸이 세상에 태어났어. 그러면 엄마의 보호와 사랑을 받아야 되겠지?"

"안 태어나면 안 돼?"

"안 태어나면? 하하하. 안 태어나고 싶구나! 웃긴데 슬프다. 이유는 뭘까?"

"이 세상에 무엇인가를 바라면 안 된다는 것을 깨달았어."

"좀 더 구체적으로 말해 줘. 엄청 슬프다. 여보 그치? 우리는 딸이 있어서 행복한데 딸은 안 태어나면 안 되냐고 하니까."

"응. 아빠는 딸이 있어서 좋은데."

"안 태어나면 안 되냐. 아들도 그래?"

아들은 대답이 없다. 생각이 없는 표정이다.

"엄마, 아빠는 수빈이하고 한울이가 있어서 행복하고 즐거운데…."

남편이 아쉬운 듯 말했다.

"엄마는 수빈이를 낳았을 때 '내가 여자로 태어나서 정말 위대한 일을 했다.'고 생각했어. 나 자신이 무척 자랑스러웠어. 자연 분만해서 낳고 바로 수빈이를 봤으니까. 아이를 낳는다는 것은 말이야. 무에서 유를 창조해 내는 거잖아. 위대하고 놀라운 일이야."

"꼬물꼬물 거리고 얼마나 귀여운데."

남편이 말했다.

"아빠. 아빠는 그러지 마. 아빠가 낳은 거 아니야. 출산에 대해서 아빠가 말하면 안 돼."

"응. 아빠가 낳은 거 아니야."

"있지. 아기가 생기고 낳을 때까지 아빠가 경력이 단절되었어? 몸이 망가졌어 뭐 했어? 아빠는 그렇게 말하면 안 돼."

"너 배 속에 있을 때 아빠가 많이 먹였어. 한겨울에 딸기 먹고 싶다고 해서 딸기 구하러 다니느라 힘들었어."

"내가 아니고 엄마가 먹고 싶은 거겠지."

"아니지. 네가 엄마 배 속에서 '엄마. 딸기 먹고 싶어요.' 한 거야. 그건 마치 식당에 가서 딩동하고 버튼을 누르면 종업원이 '네, 손님.' 하고 달려오는 것과 같아."

"탯줄을 통해서 딸기 맛이 느껴질 리가?"

딸이 한심하다는 듯 말했다.

"아니야. 네가 탯줄을 통해서 엄마한테 신호를 보낸 거야. 식당처럼 딩동한 거지."

"하하하. 만약에 네가 태어나서 하고 싶은 대로 할 수 있다면 말이야. 뭘 했을 것 같니?"

"어린이집은 별로 가고 싶지 않은데."

"그럼 엄마하고 집에서 노는 게 더 좋아?"

"아니. 요즘 어린이집 학대 사고가 많아서."

"아하. 수빈이 어린이집 다닐 때 그런 일 겪었니?"

"아니. 만날 놀았어. 놀다가 집에 왔지."

"그 다음으로 초등학교 입학할 시기가 되었어. 어떻게 하면 좋겠어?"

"인생을 포기해."

밥을 다 먹고 자기 방에서 옷을 입던 아들이 불쑥 말했다.

"엄마. 한울이가 초등학교 입학하면 인생을 포기하래. 나는 친구들이랑 잘 지냈어. 초등학교 때는 괜찮지."

"그래? 그럼 중학교 입학은 어떻게 할까?"

"자퇴. 자퇴."

"자퇴하고 뭐하고 싶은데?"

"대안학교 가야지. 대안학교 학생들 인터뷰를 들었는데 대안학교는 노는 데 맞데."

"우리 딸 학교에서 놀고 싶구나. 대안학교는 형태가 다양하거든. 네가 가고 싶은 대안학교는 어떤 곳이니?"

"일단 교복이 없었으면 좋겠어. 불편해 죽겠어. 쓸데없이 와이셔츠에 라인은 왜 넣어? 밥 먹으면 치마가 꽉 껴. 한겨울에 치마를 입히는 건 너무 한 거 아니야?"

"그러게 한겨울에 얼마나 춥겠어."

"교복 바지 입을 거면 사유서 쓰고 입으래. 학생과에 가서 또 어쩌고 말하고 그러기 귀찮아서 안 해. 체육복 바지 입는 건 최근에 애들이 춥다고 하도 건의를 해서 바뀐 거야. 애들이 바지 입으려고 다리에 없는 흉터를 만들어 내기도 하고 없는 가정사를 새로 쓰기도 해."

"교복 바지 하나 입으려면 그런 수고가 있어야 하는 구나! 대안학교는 시험 안 보나?"

"시험 보지. 보는 학교도 있고 안 보는 학교도 있지. 우리 학교에는 90점 맞았다고 우는 애 있어. 자살하고 싶다는 애도 있고. 나 참."

"시험 못 봤다고 자살하고 싶다고? 얼마나 힘들면 그럴까 안타깝네."

"예전에는 90점 맞았다고 우는 애가 이해 안 되었는데 지금은 그렇게 만들어 놓은 사회가 잘못한 것 같아. 시험에서 한 개 틀리면 애가 울게 만든 거야. 사회가."

"그래. 그런 면이 있지. 딸은 몇 시에 학교 갔다가 몇 시에 집에 오고 싶어?"

"지금하고 똑같이 갔다가 오고 싶어. 고등학교 때 야간 자율 학습은 안

했으면 좋겠어. 기상천외하지 않아? 밤늦게까지 학교에 남아서 야간 자율 학습하는 게?"

"그러게. 엄마는 수빈이가 학교 가기 싫다고 할 줄 알았는데 학교는 간다고 하네?"

"대안학교면 좋지."

"아빠가 고등학교 때 야간 자율 학습 빼 줄게. 피아노 레슨 하러 간다고 하고 빼자."

"아니야. 나 기숙사 있는 고등학교 갈 거야. 지금 다니는 학교 바로 옆에 고등학교 있잖아. 나 거기 갈 거야. 주변에 마땅히 갈 데가 거기 밖에 없어."

"○○여고도 있는데?"

"엄마 거긴 사립이라서 공부 잘해야 돼."

"아하. 사립이라서 세구나. 엄마는 네가 학교도 안 가고 놀고먹고 싶다고 할 줄 알았는데 고등학교도 간다고 하고 의외다."

"안 가고 싶지. 고등학교 안 가면 취업이 되겠어? 나중에 먹고살 수 있겠어?"

"먹고살 걱정을 하네. 기특한 우리 딸. 그렇다면 고등학교는 가는데 야간 자율 학습은 안 하고 싶고. 야간 자율 학습 안 하는 시간에는 뭐하고 싶어?"

"자야지."

"자야지. 암 그렇고말고. 그냥 놀거나, 시내 나가고, 쇼핑하고, 휴대폰도 하고 그래야지. 난 참 좋은 엄마란 말이야. 이런 말을 하고. 그런데 딸 혼자 놀 거야?"

"친구들은 야간 자율 학습해야 되잖아. 그러니까 문제야. 친구가 없어. 야간 자율 학습하는 나라는 우리나라밖에 없어."

"정말? 언젠가 텔레비전에서 봤는데 중국하고 우리나라만 있다는 듯 했어. 딸, 대학은 가고 싶니?"

"대학을 나와야 먹고살 거 아니야."

딸이 아주 귀찮고 이해 안 간다는 말투로 말했다.

돈이 부담스러워 대안학교에 보내지 못하는 미안한 마음이 있다. 오늘 이야기를 해 보니 딸이 먹고살기 위해서 공부해야 하고 대학도 가야 한다고 생각하고 있구나! 기뻐해야 할지 현실을 너무 일찍 알아 버린 딸을 안타까워해야 할지 모르겠다.

'야간 자율 학습' 일명 '야자'. 대학입시정책이 수없이 바뀌고 있지만 늦은 밤까지 강제로 가둬 놓고 공부를 시키는 야자는 여전하다. 일부 진보교육감들이 야자를 폐지하겠다고 정책을 내놓고 있지만 현장에서는 독서실, 과외, 학원 등 공부와 관련된 사유에만 야자를 면제해 주고 있다.

야간 자율 학습보다는 야간 강제 학습이 오히려 적당한 용어. 세계적으로 강제로 야자를 실시하는 나라는 우리나라와 중국, 대만 정도이며, 영국, 오스트레일리아, 캐나다, 홍콩 등은 아동학대죄로 처벌까지 된다고 한다.

이렇게까지 야자를 시키는 이유는 뭘까. 교육계에서는 예전부터 해 왔고 다른 대안이 없다고들 얘기한다. 야자를 하지 않으면 학생들이 공부를 하지 않고 놀기만 할 수 있다는 우려도 깔려 있다. 또 야자 시간에 학원과 과외 등 사교육 시장으로 학생들이 몰려 사교육비가 증가한다는 염려도 있다.

이처럼 일제 시대나 군사 독재 시대에 있을 법한 획일적인 사고들이 학생들의 건강은 물론 정신까지 병들게 하고 있다. 아침 8시부터 오후 10시 넘어서 까지 공부를 강요받다 보니 당연히 청소년 행복지수는 바닥이고 자살률 또한 높다.

이처럼 10대 내내 공부를 강요받고 대학에 입학하지만 졸업과 동시에 많은 청춘들이 실업자로 전락하고 있다. 대부분이 똑같은 교육과 다양한 경험을 하지 못하다 보니 사고의 자율성이 떨어져 스스로 위기를 탈출할 수 있는 능력을 부족하다.

4차 산업혁명 시대가 다가오고 있다. 이제는 단순하고 획일적인 사고로는 살아남기 어렵고 자율적이고 창조적인 사고가 인정받는 시대가 도래할 것이다. 아이들을 학교에 가두고 감시하는 현재의 야자 수준으로는 미래의 낙오자가 될 수 있다. 또 저출산으로 인해 대학 입학 정원이 매년 큰 폭으로 줄어 10년 뒤에는 많은 대학이 학생 부족으로 문을 닫을 수밖에 없다. 다시 말해 이전처럼 좋은 대학이 출세를 보장하는 시대도 끝났다. 한참 뛰어 놀고 무궁무진한 상상을 할 '인생 황금기'를 이제 아이들에게 돌려줘야 한다. 아울러 미래를 자신이 스스로 설계할 수 있을 시기인 청소년기에 진정한 자율이 필요하다. 청년이 행복해야 대한민국이 행복하다는 진리를 교육계는 다시 한번 되새겨야 할 것이다.

- 대전일보, 2018. 3. 18.〈[여백] 야간 자율 학습〉

5장
사춘기는 원래
나태한 시기니까 괜찮아

암울했던 기억을 딛고 일어설 거야!

심리 치료 먼저 해 드려야지

사춘기는 원래 나태한 시기니까 괜찮아

세상에 절대 선도 절대 악도 없어

이름은 자신의 자아야

나를 위한 시간을 가져야 한다는 뜻이니?

1

암울했던 기억을 딛고 일어설 거야!

"딸. 중학생이 보는 세상에 대해서 이야기를 하고 싶어. 영화나 뮤지컬로 보는 세상 이야기 어떨까?"

"엄마, 꺅…. 〈캣츠〉가 영화로 나온데. 보컬이 테일러 스위프트^{미국 가수}래! 보러 가야지."

"테일러 스위프트가 누구야?"

"'제58회 그래미 어워드'에서 3관왕을 수상한 멋진 언니야."

딸은 빠른 말투로 말하며 얼굴이 빨개지도록 흥분했다. 관련 기사를 보여 주었다.

"그래미 시상식에서 올해의 앨범 상을 두 번 받는 최초의 여성으로서 모든 젊은 여성에게 꼭 하고 싶은 말이 있습니다. 살면서 여러분의 성공을 깎아 내리거나 여러분이 세운 공이나 명성을 가로채려는 사람이 있을 겁니다. 그렇지만 당신이 자신의 일에만 집중하고 그들이 당신을 방해하지 못하게 한다면, 언젠가 당신이 목표한 곳에 도달했을 때 당신의 성공은 당신 자신, 그리고 당신을 사랑하는 사람들 덕분이라는 것을 깨닫게 될 것입니다. 그리고 그때 바로 세상에서 제일 좋은 기분을 느낄 수 있을 거예요."

- 〈제58회 그래미 어워드〉 수상 소감 중에서

"수상 소감 속에 여성의 차별을 딛고 일어선 듯한 느낌이 있네. 그래서 좋아하는 거니?"

"헤헤. 응. 엄마 요즘 은수가 뮤지컬에 빠졌어. 〈레 미제라블〉, 〈미스 사이공〉, 〈오페라의 유령〉, 〈캣츠〉가 4대 뮤지컬이잖아. 내가 〈캣츠〉 봤다고 자랑해서 한 대 맞았다. 하하하."

딸은 글로 표현하기 어려운 이상한 웃음소리를 냈다.

"수빈이가 신문에서 내한 공연 기사를 보고 직접 보고 싶다고 해서 봤지."

"그 팀이 내한하는 것이 몇 년에 한 번이잖아. 그 전에 2014년인가에 왔었어."

"사람들이 어떻게 그렇게 고양이 분장을 잘 하고, 몸동작하며 우와… 대단했어. 그치? 딸은 어땠어?"

"도대체 그 사람들 분장에는 얼마나 많은 시간과 노력을 들였고, 무대 장치며 연습은 또 얼마나 했을까? 와! 정말 대단해. 그렇지, 엄마?"

"그렇지. 그러니까 입장권이 비싸지."

"엄마. 비싸도 표가 없어서 못 사."

"그때 성인 한 명당 열살에서 열 여섯살까지 였나? 한 명은 반값이라서 예매 가능했어. 우리 넷이서 60만 원 정도 든 것 같아."

"60만 원이 어디야. 할인 안 되면 백만 원은 들 거야."

"그렇지. 정말 감사했어. 고양이들 지나다니는 좌석에서 보고 싶더라."

"젤리클석이라고 해. 그건 엄마 웬만해서는 예매 불가능이야."

"맞아. 돈 있어도 예매가 불가능하지. 〈캣츠〉 본 지 일 년도 더 지났네. 어떤 것이 기억에 남니?"

"쉬는 시간에 주인공 고양이가 사람들 안아 주던 거."

"아. 맞아. 참 다정하게 안아 주더라. 엄마는 고양이들이 사람하고 똑같은 부분이 인상에 남아. 말썽부리는 고양이, 부자 고양이, 도둑 고양이 부부. 정말 재미있었어. 결국 고양이를 빗대어 인간의 삶을 보여 준 거잖아."

"맞아. 사람들의 삶을 풍자한 거야."

"누구는 돈이 많고 누구는 바람둥이고 그런 인간 사회의 모습을 보여 주는 거지. 아마 배경이 된 날이 대왕 고양이를 뽑는 날이었지?"

"응. 아홉 개의 목숨을 가질 수 있는 대왕 고양이를 뽑는 날이었지."

"맞아. 공연 끝나고 나올 때 스크린에 악기 연주하는 사람들 나오는 거 봤어?"

"응. 직접 다 연주한 거잖아. 라이브로. 원래 공연장 옆이나 앞에 악기 연주하는 사람들이 있어야 돼. 다 보이게 말이야. 그런데 거긴 그럴 공간이 안 되었나 봐."

"아. 맞아. 그렇지."

"〈오페라의 유령〉은 아예 무대에 배가 있고 노를 저으면서 노래한데."

"오. 정말? 보고 싶다. 책에 보면 그런 장면이 있지. 멋있다. 직접 보고 싶다."

나는 몸을 앞으로 살짝 흔들며 아쉬운 듯 말했다.

"〈오페라의 유령〉은 화려하고 분위기를 잘 살린 그런 작품이야."

"보고 싶다. 엄마는 〈캣츠〉 보고 나서 왜 이게 4대 뮤지컬인지 알게 되었어. 공연 때마다 라이브로 연주하는 사람들도 대단하고. 배우들도 활력 넘치고 멋져. 춤추면서 연기하고 노래까지 하다니. 어떻게 그렇게 잘하지? 노래, 춤을 얼마나 연습했을까?"

"엄청 연습했겠지. 그래서 배우들이 조깅하고 헬스를 해. 자기 몸 관리를 철저하게 하지."

"그래 그럴 거야. 그날 배우 안내하는 판을 보니까 한 역할 당 배우가 두 명씩 있더라. 만약을 대비해서 말이야. 그것도 대단하다는 생각이 들었어. 여자 주인공 말이야. 어떻게 해서 선발되지?"

"그리자벨라. 젊은 시절에는 잘 나가고 화려했지. 지금은 늙고 초라한 창녀 고양이가 되었지만. 만약에 젊은 시절로 돌아갈 수 있다면 행복의 진정한 가치를 깨달을 텐데… 뭐 그런 내용이지. 어떻게 선발되었는지는 모르겠어."

"엄마도 모르겠어. 찾아보자."

캣츠에서 그리자벨라를 연기했던 조디 질리스의 인터뷰 내용입니다.

"그리자벨라의 가장 큰 특징은 감성적인 고양이라는 점입니다. 육체적으로 매력적인 고양이는 아니지만 정신적으로는 상당히 매력적인 고양이입니다. 그러한 매력은 음악을 통해서 내면의 세계가 표출되고 그래서 그리자벨라가 다시 태어나는 고양이로 선택된다고 생각합니다. 요즘 저는 그리자벨라가 가진 아름다움을 표현하는 재미에 푹 빠져 있습니다."

앤드류 로이드 웨버가 처음 캣츠를 제작할 때 그리자벨라는 그냥 거지 고양이였는데 아무래도 마음에 흡족하지 않아서 계속 궁리하던 끝에 한때는 젤리클 고양이 중에서도 아름다운 고양이로 꼽히는 고양이였다가 그들의 무리를 떠나 화려한 바깥으로 나가서 여러 가지 상처를 받고 후회하며 다시 젤리클로 들어오고 싶어하는, 연민이 가는 캐릭터로 만들었다고 합니다. 다른 고양이들은 젤리클 무도회도 다니며 즐겁게 살아가지만 그리자벨라는 그러질 못했잖아요. 성경에서 나오는 '돌아온 탕자'와 비슷하다고나 할까요.

- 네이버 지식in, 2005. 6. 18. 〈캣츠에서 왜 그리자벨라가 뽑히게 되는 거죠?〉
fing****님의 질문에 대한 비아님 답변

"그리자벨라가 성경에 나오는 '돌아온 탕자'구나! 이렇게 깊은 뜻이 있다니! 딸은 오늘 엄마하고 대화하면서 무엇을 느꼈니?"
"그리자벨라를 보면서 난 내 암울했던 기억을 딛고 일어설 거야! 이런

227

거. 나는 비록 지금 무너졌지만 고생했던 기억에 좌절하지 않고 다시 일어설 거야."

    딸의 말에 괜스레 가슴이 뭉클했다. 그리자벨라를 보면서 난 내 암울했던 기억을 딛고 일어설 거야! 나는 비록 지금 무너졌지만 고생했던 기억에 좌절하지 않고 다시 일어설 거야. 라는 메시지를 받았다니 말이다. 비싼 돈들인 보람이 있네.

2

심리 치료 먼저 해 드려야지

"보고 싶은 건 잔뜩 있는데 만날 못 봐."

"뭐 보고 싶은데? 엄마는 뮤지컬 〈아가씨〉하고 〈시카고〉 보고 싶어."

"〈시카고〉는 지난번에 공연했는데 보려고 하니까 끝났더라. 아쉬웠어."

"엄마. 〈시카고〉는 그런 내용이래. '내가 그 놈을 쏴 버렸어. 왜냐고? 바람 피웠거든!' 아, 속이 시원해지네."

"아. 정말 속이 다 후련해지네. 하하하. 얼마 전 〈아이 캔 스피크〉를 보면서 무엇을 느꼈니?"

"문희씨! 나문희 할머니. 스크린에서 되도록 안 내려 가셨으면 좋겠어. 멋지잖아. 그 연세에 배우를 한다는 것이. 나문희 할머니 멋져!"

"멋지지. 무슨 내용이니?"

"할머니가 영어를 배워. 영어를 배우는데 그 이유가 자기가 '위안부*' 피해자였다는 것을. 엄마 있잖아. '위안부'를 글로 쓸 때는 꼭 작은따옴표를 써야 해."

"응?"

"'위안부'는 원래 정식 명칭이 아니야. 일본에서 만들어 낸 거지. '위안부'는 위로하고 안정하게 해 준다라는 의미야. 그렇게 속여서 여자들을 데려간 거지. '위안부'라기보다는 '일제 강점기 성^性착취소'가 맞지 않아?"

"작은따옴표를 붙이는 것과 붙이지 않는 것과 어떤 차이가 있지?"

"작은따옴표를 하지 않으면 명사가 되는 거지. '위안부'는 명사가 아니지."

"아! 그렇구나. 주인공 할머님이 '위안부' 피해자야? 영어를 배워서 무엇을 하시려고?"

"할머님이 동생을 업어서 키웠는데 동생이 미국으로 입양되었어. 동생을 만나서 영어로 이야기를 하고 싶어서 영어를 배웠지. 어느 날 다른 '위안부'피해자 할머니가 쓰러진 거야. 성함이 정심이야. 의식이 없고 말도 못해. 그렇게 죽어가는 친구를 보고 주인공 옥분 할머니가 세계적인 공식석상에서 '위안부' 피해자라는 사실을 말해야겠다고 결심해."

---

* 위안부 : 중일 전쟁 및 아시아 태평양 전쟁기에 일본군과 일본 정부가 일본군의 성욕 해결, 성병 예방, 치안 유지, 강간 방지 등을 목적으로 동원하여 일본군의 점령지나 주둔지 등의 위안소에 배치한 여성.

- 한국민족문화대백과, 일본군 '위안부'

"아. 정심 할머니가 쓰러지는 걸 보고 평생 가슴속에 피눈물이 된 채로 남아 있는 '위안부'의 한을 말해야겠다는 생각이 들었다는 거구나!"

"응. 내가 부끄러워서 평생 말 안하고 살겠다고 엄마하고 약속했는데 해야겠다고 해. 엄마 사진인가 편지를 보면서. 할머니가 하고 싶은 이야기를 한글로 쓰고 그걸 영어로 바꿔서 공부하지."

"그렇구나!"

"우리나라 현실을 너무 잘 보여 줬어. '위안부' 할머니들이 피해자 인 것이 분명해. 분명히 피해자야. 상호 동의가 없는 성관계였고, 입에 담기도 힘든 방법으로 성노예처럼 사셨지. 피해자임에도 불구하고 그분들을 보는 다른 사람들의 시선이 달갑지 않아. 성폭행 피해자를 보는 시선이 '네가 뭔가 잘못해서 그렇지 않니?'라는 시선이야. 옷을 짧게 입었지. 아니면 밤 늦게 다녔지 등등. 여자가 무엇인가 잘못해서 성^性과 관련된 범죄가 일어났을 거라는 생각을 한다는 거지."

"어휴."

나도 모르게 긴 한숨이 나왔다.

"일본군이 진출한 필리핀이나 중국 같은 나라에도 '위안부'가 있었어."

여성은 전쟁이 나면 가정 먼저 피해를 입는 존재이기도 하다. 그런 점에서 위안부 문제는 전 세계적인 관심을 끌 수밖에 없었다. 전쟁 피해자에 대한 이야기들은 많았지만 위안부에 대한 이야기는 세계적인 화두가 되지 못했다. 하지만 한국인 위안부 할머니의 증언은 전 세계를 뒤흔들었다.

아시아 피해 국민만이 아니라 위안부는 독일 등 유럽의 많은 국가에도 존재한다. 전쟁 피해를 입은 국가는 그렇게 많은 여성들이 희생자가 되어야 했다. 하지만 여전히 일본 정부는 공식적으로 종군 위안부를 인정하지 않고 있다. 인정을 하지 않는데 사과는 당연히 존재할 수도 없는 일이다.

- 세계 위안부의 날 버스 탄 평화의 소녀상이 던지는 의미,

2017. 8. 14. 〈또 다른 시선으로 〉

이야기를 듣고만 있던 남편과 아들이 입을 열었다.

"'위안부' 피해자들 아직도 살아 있어?"

아들이 물었다.

"어."

남편이 말했다.

"그래서 영화에서 할머니가 증언하니?"

내가 물었다.

"증언해. 공식석상에 서니까 할머니가 어지러워서 말을 잘 못하셔. 그때 그게 있어. 뭐지? I'm fine. Thank you.(난 좋아요. 고마워요.) 그 앞에 오는 질문이 뭐지?"

"How are you?(잘 있어요? 당신은 어때요?)"

"응. 그거. 할머니한테 영어 가르쳐 준 공무원이 미국까지 쫓아와서 막 들어가서 'How are you?' 그러는 거야. 사람들이 그 남자가 못 들어오게 막고 끌고 나가. 할머니가 'I'm fine. Thank you. And you?' 하고 마음을

가다듬은 뒤에 자기 배를 들어 올려."

"배를 왜?"

"'위안부' 할머니들 몸에다가 일본 사람들이 칼로 낙서 같은 걸 새겨 놨어. 불로 지지기도 했고. 그게 남아 있는 분들이 아직 계셔. 사람들이 그걸 보고 술렁술렁하지. '이게 그것들이 내 몸에 남긴 상처라고' 말한 다음에 자기가 준비했던 걸 영어로 말해. 할머니께서 한국어로 먼저 말을 하고 영어로 말하지. 일종의 증언 같은 걸 하는 거지. 그런데 할머니가 '위안부'였다는 사실을 숨기고 살려고 우리나라에서 지급하는 돈을 받지 않고 살았거든. 그래서 '위안부'가 아니다. 증언할 수 없다. 진실이 아니다 말이 많아. 영화 마지막에 할머니가 운동하고 있는데 옆에 공무원이 따라와 시험 이야기 하다가 '이번에 아베^{일본 총리}가 또 이상한 말 했던데?' 하면서 욕하는 장면이 나와."

딸은 크게 웃으며 말했다.

"'이번에 또 가실 거예요?' 그러니까 '가야지' 그래. 할머니는 미국에 증언하러 가서 남동생도 만나. 남동생이 만나지 않으려고 했거든. 그 사람 모른다고. 그런데 만나."

"몸에 칼로 문신 같은 걸 새겼구나! 얼마나 아프고 치욕스러웠을까, 하고 생각하니까 눈물이 난다."

"나이든 여성 배우의 아침 드라마 진출이 아니고 스크린 진출. 그것도 주연으로. 그런 영화 많아져야 돼."

"그걸 느꼈어? 왜?"

"여성이 주연인 영화는 많지 않아."

"우리 딸은 참 특이한 시선으로 보는 구나!"

"여성은 나이가 들면 영화계에서 설 자리가 없다고 느끼는 경우가 많아. 4~50대 여배우 중에서 우울증이 많은 이유가 아름답지 않은 여성은 영화에 쓸모없다는 프레임을 그들에게 씌우거든."

"오. 우리 딸 페미니스트 같다. 그래서?"

"나는 아직 탈코르셋*을 못했기 때문에 페미니스트라고 말하긴 과분해. 영화 보면서 나 엄청 울었잖아."

"어떤 마음이 들어서 울었어?"

"웃으면서 보고 싶었는데 울었어. 엄마는 영화 보면서 왜 울었는지 다 기억해?"

"그냥 울컥해서 운 거지. 안 그래?"

옆에 있던 남편이 말했다.

"맞아, 아빠."

"할머니의 삶이 너무 가엽고 여자로 살기가 참 어렵다는 생각이 들었겠지 뭐."

내가 말했다.

---

* 탈코르셋 : 사회에서 '여성스럽다'고 정의해 온 것들을 거부하는 움직임으로 예컨대 짙은 화장이나 렌즈, 긴 생머리, 과도한 다이어트 등을 거부하는 행위를 말한다. 탈코르셋을 외치는 여성들은 소셜미디어(SNS) 등에 부러진 립스틱이나 자른 머리카락 등을 올리며 이를 인증한다.

- 《시사상식사전》, 박문각

"가엽다기보다는 그거 같아. 그런 일을 당했어도 목소리를 낼 수 없었잖아. 그래서 영화에서 주인공 할머니도 엄마하고 절대 말하지 말자고 다짐했을 거야. 죽을 때까지 말하지 말고 살자고."

"할머니 결혼 안 했니?"

"응. 결혼을 생각하기가 불가능했을 거야. '위안부'였다는 것을 결혼할 남자한테 말할 수도 없지. 그걸 어떻게 말하겠어. 말 안하고 결혼할 수도 없고. 아마 남자가 무서웠을 것 같아. 여성 강간 피해자 대부분은 남성을 무서워한데. 심지어는 자신의 아버지도 무서워한데."

"그렇구나! '위안부' 피해자 할머님들하고 강간 피해자 여성분들 결혼도 못하고 가슴이 아프다. 자신은 토끼 같고 남자는 늑대로 보이겠지."

"늑대가 아니라 괴물로 보이겠지. 나는 초식동물이고 남자는 육식동물로 보이겠지."

"어휴. 한숨 나온다. 그렇겠다. 딸이 영화 보고 많이 속상했구나! 만약에 수빈이가 '위안부' 피해자 할머니들에게 뭔가 해 드릴 수 있는 여건이 된다면 무엇을 해 드리고 싶니?"

"심리 치료 먼저 해 드려야지."

"그렇지. 심리 치료."

나는 무릎을 쳤다.

"그 이야기하면서 딸 지금도 울려고 하는데?"

"하. 지금 필요한 게 금전적인 부분보다는 마음이야. 마음을 먼저 치료해 드리고 할머님들이 당당해지고 나면 그 다음에 금전적인 보상을 하고 그 다음에 정식으로 사과를 해야지."

"만약 딸이 심리 치료를 해 드린다면 어떤 방법이 좋을까?"

"자격증을 따야지."

"아. 자격증 따는 것도 좋은데 네가 직접 해 드리는 게 아니고 그 분들에게 어떤 부분이 필요할까를 묻는 거야. 만약에 엄마라면 나를 믿어 주는 사람에게 내가 겪은 일을 낱낱이 다 이야기하도록 하는 것이 중요할 것 같아. 내 말을 온전히 들어주고 밖에 나가서 다른 사람들에게 말하지 않는 사람. 공감해 주고 같이 울어 줄 수 있는 사람이 필요할 것 같아."

"그것도 좋은 방법이다, 엄마. 심리 치료 끝나고 할머니들이 하고 싶었던 것, 배우고 싶었던 것 다 해드리고 싶어."

"그렇지. 결핍을 충분히 해소할 수 있는 기회를 드린다는 거구나! 엄마도 공부 못한 한이 있어서 요즘도 공부하잖아. 그게 필요하겠다."

딸과 대화한 뒤 오랫동안 마음이 편치 않았다. 그 분들이 느꼈을 고통을 생각하니 마음이 아프다는 말로는 내 속을 다 표현할 수 없었다.

3

사춘기는 원래 나태한 시기니까 괜찮아

"〈신과 함께〉는 정말 뭐라고 표현해야 할지 모를 정도로 재미있게 봤어. 엄마 극장 가서 두 번 봤거든."

"엄마 두 번이나 봤어? 한 번은 나하고 봤고 또 누구하고 봤어?"

"아빠하고 봤지. 딸이랑 보고 또 보고 싶은 거야. 그래서 아빠한테 보러 가자고 했지. 영화가 시작되었는데 아빠가 엄마를 민망하게 빤히 쳐다보는 거야. 빤히 쳐다보는 눈빛 속에 이런 의미가 숨겨져 있었어. '뭐야? 또 〈신과 함께〉였어? 〈강철비〉 아니야?' 엄마가 웃음이 나고 미안해서 아빠를 차마 쳐다볼 수가 없었어. 얼마나 웃었는지 몰라. 아빠는 자고 있었고 엄마가 둘 중 어떤 걸 예매해야 하나 고민했거든. 아빠는 엄마가 이미 〈신과 함께〉를 봤으니까 다른 영화 볼 줄 알았데."

"아빠 눈빛과 그때의 상황이 상상된다, 엄마."

"그렇지? 지금도 그때 생각하면 웃겨. 하도 웃어서 배가 아프다. 사람이 죽으면 심판을 받는다. 이야! 대단하지 않아? 엄마는 나태 지옥이 가장 기억에 남아."

"아. 나태 지옥. 살아 있을 때 나태하게 살았다고 해서 회전목마같이 돌아가는 거대한 돌기둥에 깔려 죽지 않으려면 계속 달려야 하잖아."

"그래 맞아. 물에 빠지면 물고기들이 뜯어 먹고 깔려 죽지 않으려면 계속 달려야 하고. 어휴. 그때 수빈이가 '나도 죽으면 나태 지옥에 갈 거라고 했지?' 기억난다."

"응. 엄마 영화를 본 사람들이 나태 지옥에서 살아남는 방법에 대해 생각했데. 첫 번째 방법이 나태 지옥 쇠 구심 축 위에 올라가면 된다. 또 다른 방법은 바닥에 구멍을 파고 들어가면 된다. 재미있지? 가능할까?"

"그러게. 그렇게라도 살고 싶은 가 보네. 청소년 시기에는 호르몬 분비가 왕성해지고 몸이 성장하기 때문에 게으르고 잠이 많고 그래. 원래 그 시기에는 그런 거니까 괜찮아. 딸은 또 어떤 지옥이 기억에 남아?"

"그게 뭐지? 사람 얼리는 거?"

"'그거 아름다운 배신 아니니?' 배신 지옥. 송제대왕 예쁘지? 엄마 마음속에 촉촉하게 남아 있는 장면이 그거야. 사람이 살아 있을 때만 용서를 받을 수 있다고 했지? 강림은 전생에 죄를 지은 기억이 있어서 괴로워했지. 해원맥하고 덕춘이는 오히려 전생 기억이 없어서 괴로워했잖아. 강림이 아버지가 살아있는 것을 알고도 그냥 집으로 가지. 집으로 돌아갔지만 죄의식에 못 이겨 결국 전쟁터로 돌아가 아버지를 시체 속에서 꺼냈지만 돌아가셨지. 그 죄의식과 미안하고 답답한 마음. 자기가 해원 맥과 덕춘이를 죽였다는 사실을 말할 수 없는 죄의식의 마음도 이해가 가더라."

"응. 스토리 완전 변태야. 대왕 변태. 사랑합니다."

"하하하. 스토리 완전 괜찮다고 할 줄 알았는데? 의외에 대답인걸, 딸. 어떤 면이 그렇지?"

"천년의 시간 동안 그 과거로 인해서 끙끙 앓았다는 말이잖아. 맙소사. 천년이나 앓다니 변태가 아니고 뭐야."

"천년이나 가슴앓이해서 변태야? 천년 동안 힘들었겠다. 트라우마 수준이다. 그치? 천륜 지옥에서 무엇이 나왔지?"

" 천륜 지옥하니까 엄마. 이런 게 궁금해졌어. 만약에 애가 부모님한테 대들었어. 부모님이 애를 때렸어. 애가 나중에 죽어서 지옥에 갔어. 그럼 천륜 지옥에서 애한테 부모님에게 대든 죄를 따질까?"

"넌 어떻게 생각하는데?"

"안 할 것 같아. 걔가 그것으로 인해 부모님께 매를 맞았잖아. 이미 그 잘못에 대해 벌을 받았으니까. 지옥에서 또 죄를 물으면 그건 두 번 죽이는 거야."

"아하. 대드는 것으로 인해 부모님으로부터 매를 맞았으니 그 죄는 없어졌다. 뭐 그런 거니? 그럼 부모가 죽어서 지옥에 가면?"

"폭력은 어떤 상황에서도 인정되지 않는 거야."

"그럼 아이가 부모에게 대든 것은 언어폭력이 아닌가?"

"그 행동으로 인해서 아이가 부모에게 맞았잖아."

"그 말은 아이의 언어폭력은 작고 부모의 신체 폭력은 크다는 거니? 아니면 애는 잘못이 없고 부모 잘못만 있다는 뜻이니?"

"거의 똑같은데 애는 이미 이승에서 죗값을 치르고 지옥에서 온 거지."

"아하. 아이는 이승에서 죗값을 치렀는데 부모는 죗값을 치르지 않았다."

"어느 상황에서도 폭력은 용납되지 않아. 경찰서 가도 먼저 때린 사람 잘못이 더 커."

"수빈이는 그렇게 생각하는구나! 그리고 어떤 지옥이 있었지? 사탕 먹는 지옥이 뭐였지?"

"거짓 지옥. 수안이 귀엽지? 〈군함도〉하고 〈부산행〉에도 나왔어. 그거 기억난다. 인터뷰였는데 〈부산행〉 아빠와 〈군함도〉 아빠가 어떻게 다른가였냐? 그 질문에 공유 아빠는 너무 잘생겨서 아빠같이 느껴지지 않았다고 했어."

"하하하. 공감된다. 거짓 지옥에서 뭐 나왔지?"

"동료가 사고 현장에서 죽었어. 동료 딸한테 동료인 것처럼 가짜 편지를 보냈지."

"그렇구나. 그건 기억이 안 난다. 엄마는 김자홍 씨가 자신이 마치 잘 있는 것처럼 편지를 써서 집으로 보냈잖아. 그거 생각나네."

"그것도 있었어. 선의의 거짓말. 하얀 거짓말이라고도 해."

"변호인인가? 대변인인가? 그 사람들 거짓 지옥 대왕한테 혼났지. 수안이가 사탕 먹으면서 '내가 귀인 달고 오는 애들 그냥 보내자고 했지?'라고 말한 기억이 나네."

"응. '내가 너희 때문에 늙는다, 늙어.' 그랬어. 하하하. 나 진짜 수안이 너무 귀엽더라고. 우리 수안이! 우리 수안이!"

"맞아. 우리 수안이 귀여운 수안이. 또 뭐가 있지? 바닥이 갑자기 확 꺼지는."

"살인 지옥."

"아. 살인 지옥이었구나. 병든 엄마를 베개로 죽이려고 했던 장면."

"그건 천륜 지옥이고. 화재 현장에서 무너져 내린 돌덩이에 다리가 낀 동료를 그냥 두고 나오는 그게 살인이야."

"아 그 장면이구나. 수빈이는 천륜天倫의 의미를 아니?"

"하늘 천에 윤리할 때 윤 아니야? 동양적인 뭐 그런 거겠지?"

"영화를 떠올리며 생각해 보면?"

"부모 자식 간에 뭐 말로 설명할 수 없는 그런 거?"

"맞아. 부모와 자식 사이를 하늘이 내려 준 관계라고 해서 천륜이라고 해. 영화에서 천륜 지옥을 어떻게 통과했지?"

"수홍씨가 죽었어. 원기가 되어서 강림이 원기를 지옥으로 잡아 왔지. 그런 다음에 살아 있는 엄마의 꿈속에 수홍씨가 나타나지. 꿈에서 엄마한테서 용서받게 했지."

"아하. 엄마가 그 장면을 생각하니 눈물이 나오려고 해. 네 잘못이 아니라고 했어. 엄마가 못나서 그렇다고."

두 눈에 눈물이 주르륵 흘러내렸다. 잠시 뒤 대화를 이어갔다.

"살인 지옥은 어떻게 넘어갔지?"

"내 눈앞에서 동료가 죽어 가는데 그냥 두고 나올 수밖에 없었던 상황으로 인해 죄책감에 시달렸지. 동료가 자홍씨한테 빨리 나가라고 했어. 그 뒤로 수많은 사람들의 목숨을 구했지."

"아. 맞아. 그랬던 것 같아. 맞아. 맞아. 또 기억에 남는 건?"

"해원맥이 말했는데 인터넷 악플 함부로 남기지 말라고 했어. 기록에 다 남는다고."

"아하. 악플에 대해서 그런 말을 했구나! 엄마는 기억이 안 난다."

"주지훈이 말했잖아. 주.지.훈. 하하. 하정우가 '해원맥' 하고 부를 때 좋아. 좋아."

"얼굴에 미소가 방글방글 피어오르네. 해원맥 생각만 해도 좋은가 보다. 2편에서는 진한 아버지의 사랑을 느낄 수 있었어. 강림이 아버지가 살아 있는 걸 알고도 그냥 집으로 갔잖아. 그러다 죄책감에 사로 잡혀서 전쟁터로 다시 찾아왔잖아. 그때 강림의 아버지는 염라대왕으로부터 자신을 대신해 염라로 활동해 주겠냐는 제의를 받고 있었고. 하겠다고 했지. 대신 지금 자신의 모습이 아닌 염라의 모습으로 한다고 했나? 나중에 심판대에 찾아올 아들을 생각해서 외모를 바꾸겠다고 한 것에서 아버지의 사랑이 느껴졌어. 눈물이 핑 돌았어."

"어머니라고 하면 무조건 참고 이해하고 헌신하는 유순한 이미지가 부각되고 아버지라고 하면 논리적이고 책임감 강한 그런 인물로 묘사된

단 말이야. 그건 아니거든.”

“엄마는 그 아버지의 마음이 이해가 되더라. 가슴이 찡했어.”

“주지훈 잘생겼다니까. 극 중 수홍씨 ‘이 재판이 내 재판이 아니구나!
알았어. 가만히 있을 게.’ 너무 좋아. 수홍님! 넉살스럽게 따져 묻는 수홍
씨 역할 정말 잘했어. 맨 마지막에 염라가 같이 일해 보지 않겠냐고 했잖
아. 수홍씨가 차사를 하면 안되는 게 ‘아. 얘 인간쓰레기네 그냥 잡아 가
두세요.’ 그럴 것 같아. 염라대왕 옆에서 대변인? 뭐지?”

“아. 그거 하면 되겠네. 변론인인가?”

“수홍님은 글을 읽다가 ‘뭐 이런 인간쓰레기가 다 있어?’ 하고 집어던
질 것 같아.”

“하하하. 그러고도 남지. 마지막에 관심 사병 있잖아. 원래 연예인이야.
연기파야.”

“약간 모자란 캐릭터 연기를 실제처럼 잘했어. ‘이거 꿈이잖아. 왜 이
렇게 생생해?’” 영화에 나오는 장면처럼 나는 양손을 양 귀에 대고 몸을
움츠리고 공포에 걸린 듯 연기하며 말했다.

“하하하!”

딸은 호탕하게 웃었다.

여기까지 이야기를 나누고 한동안 말없이 저녁밥을 먹었다. 냠냠 음식
을 씹는 소리만 들렸다.

“해원맥 잘 생긴 것 말고 또 기억에 남는 건?”

“이덕춘! 귀여워.”

'귀여워'를 말할 때 딸은 두 손을 입가에 대고 몸을 움츠렸다.

"너보다 언니인데 귀여워?"

"응."

"엄마. 남자는 외모보다 인성이지."라고 큰소리치던 딸은 어디로 갔을까? 이야기 내내 해원맥이라는 이름만 나와도 눈에서 하트 표시가 나오던 딸. 그런 딸이 사랑스럽다. 사춘기 때는 외모 지상주의가 되니까 말이다. 딸! 잘 자라고 있네.

4

세상에는 절대 선도 절대 악도 없어

"엄마, 오늘은 〈레 미제라블〉에 대해서 이야기해 보자. 학교에서 봤는데 소설 《레 미제라블》을 바탕으로 약간 우리나라 식으로 만든 뮤지컬이야. 행복했어."

얼마나 재미있었기에 행복하다는 말이 나올까?

"엄마 있잖아. 오늘 보고 알았는데 '장발장'이 아니라 '쟝발좌앙'이야."

딸이 입술과 혀의 이상한 부조화를 통해 발음을 만들어 냈다.

"맞아 엄마. '쟝발좌앙'이야. 영화에서 그렇게 말해."

아들이 말했다.

"하하하. 그런데 왜 제목을 '쟝발좌앙'이라고 안 하고 〈레 미제라블〉이라고 하지?"

내가 물었다.

"'레(Les)' 띄우고 '미제라블(Miserables)'. 불쌍한 사람들.

"아하. 그게 그런 뜻이야? 엄마는 그것도 몰랐네. 어느 나라 말이지?"

"몰라. 나도."

딸은 대답하고는 양손으로 자신의 탁 아래에 꽃받침을 만들고 손가락을 더듬이처럼 움직였다. 엄마가 모르는 것을 자신은 알고 있다는 기쁨을 표현하는 것이다.

"딸. 목도리 도마뱀 같아."

"하하하."

웃으며 아이들이 배달 온 햄버거 봉지를 벗겼다.

"오늘 햄버거 배달이 늦게 왔다 했더니 급하게 만들었네. 급하게 만들었어."

딸이 햄버거 봉지를 벗기니 햄버거 소스가 옆으로 주르륵 흘러내렸다.

"누나 내 햄버거 봐봐. 안에 야채하고 고기가 옆으로 삐져나왔어. 급하게 만들었네. 정말 그렇다. 오늘 무슨 일 있나 봐. 〈레 미제라블〉 영화 시작할 때 노래하면서 배를 끌어당기잖아. Up Down. Up Down. 어쩌고 저쩌고."

아들이 햄버거를 한입 베어 물며 말했다.

"오! 맞아. 잠시만 무슨 뜻인지 찾아보자. 하하하. 얘들아 Up Down. 아니고 Look Down.이네. '굽어 살피소서.'라는 뜻이래."

"Up Down.이 아니라고요? 와아, 그렇게 들리는데 신기하다."

"맞아. 엄마도 그랬어. 그 노래 정말 웅장하고 거대했어. 아직도 귓가에 맴돈다. 장발장이 무슨 죄로 감옥에 들어갔던 거지?"

"빵 훔친 죄로 5년. 탈옥하다 걸려서 15년. 감옥에서 총 19년 살았고 가석방되었어."

"감시하는 사람 붙었잖아."

아들이 말했다.

"감시하는 사람 붙었는데 장발장이 서류를 찢고 도망쳤지."

"맞아. 서류 쫙 찢었잖아. 이렇게."

아들은 두 손을 모았다가 날개처럼 폈다.

"그거 항상 가지고 다녀야 되는 건가?"

"응. 그거 신분증 같은 거야. 가석방된 죄수라고 적혀 있어. 영원히 그 사람을 따라다닐 거야."

"그럼 취업도 안 되고 어떻게 살아? 석방은 되었지만 살 수가 없네. 가석방되고 장발장이 어느 성당에 들어갔었지?"

"성당에서 은잔인가 훔쳐서 도망가지 않아? 가다가 잡혀 오지?"

"오. 은잔을 훔쳤구나! 아들. 기억 잘하고 있네."

아들은 내 말을 듣고는 두 눈썹을 위로 치켜떴다 내렸다 했다.

"신부님이 내가 선물로 준 건데 이것은 왜 가져가지 않았는가 하면서 은촛대를 챙겨 주지. 이것이 제일 값나가는 것인데. 그러고는 장발장에게 말해. 이제 신을 위해서 살라고."

"그래서 장발장이 감동을 받았고 다른 사람이 되나?"

"자기 죄를 깨닫고 회개하면서 맹세해. 내 영혼은 주님의 것이라고."

"그렇구나! '사나 죽으나 난 주의 것'이란 찬양이 생각난다. 장발장이 힘이 엄청 셌어."

"응. 맞아. 짐 실은 수레인가 거기에 깔린 할아버지를 구해 줘. 그걸 들어 올리잖아. 그래서 그 남자 누구지? 경찰인가? 그 사람이 그 모습을 보고 혹시 장발장이 아닌가? 의심하게 되지."

"자베르. 장발장이 공장을 운영하다가 시장이 된 이유가 불타는 건물 안에서 아이를 구해 내고 그로 인해 사람들에게서 신뢰를 얻어서 시장이 되지. 이름도 마들렌으로 바꾸고."

"딸은 어떻게 잘 기억해? 놀랍다. 자베르는 끝까지 장발장을 잡으러 다니지?"

"자베르는 경찰인데 장발장을 잡으려는 임무에 충실한 거지. 하지만 나름대로의 정의를 가지고 있었어. 자베르의 어머니는 범죄자였고 자베르는 감옥에서 태어났어. 감옥의 추악한 실태를 알고 있었지. 한 번 도둑은 영원한 도둑일 뿐이라고 생각하지. 모든 범죄자는 갱생의 여지가 없다고 생각해."

"갱생이 뭐지?"

내가 물었다.

"범죄자는 올바른 시민으로 살아갈 수 없다. 한 번 도둑은 영원한 도둑일 뿐이다. 뭐 그런 뜻이지. 자베르는 그런 생각을 하고 있는데 장발장은 빵을 훔친 데다가 탈옥을 시도했지. 가석방되었지만 신분증 같은 서류를 찢어 버리고 잠적해 버렸잖아. 가석방 중에도 탈출한 거지. 극 중에서 자베르는 여러 다방면으로 해석할 수 있어. 자베르는 자신이 옳다는 것을 행하고 있었지. 장발장이 탈옥을 시도한 것이 조카들을 찾기 위해서였지만 법이라는 게 누구는 봐 주고 누구는 안 봐 주고 그럴 수가 없잖아. 그런 측면에서 자베르는 정의를 지키고 수호한 거야."

"아하. 그럴 수 있겠다."

"그렇게 생각했는데 장발장은 정말 사람이 변한 거야. 그런 가운데 가짜 장발장이 나타나. 수레에 깔린 노인을 구해 주는 모습을 보고 자베르는 이 사람이 장발장인가? 하고 의심해. 그때 장발장하고 비슷한 외모를 가진 가짜 장발장이 잡혀. 가짜 장발장은 '나는 장발장이 아니에요.'라고 함에도 불구하고 재판에 넘겨져. 장발장이 그 소식을 듣고 많은 고민을 해. 내가 진짜 장발장이라고 말을 하면 내가 먹여 살리는 많은 사람이 굶어 죽을 것이고 말을 안 하면 가짜 장발장이 자신의 죄를 뒤집어쓰고 감옥에 가겠지."

"그렇지. 말하면 죄 없는 사람이 자신의 죄를 대신 뒤집어쓰고. 장발장이라고 말을 안 하면 지금 누리는 부귀영화와 평생을 따라다니던 자베르도 끝났다고 생각할 텐데 정말 고민되겠다."

"어떻게 해 거기서?"

아들이 누나에게 물었다.

"그 전에 일이 있었어. 판틴 알아? 코제트 엄마."

"아. 공장에서 일하던 예쁜 여자 말이구나!"

"응. 판틴이 공장에서 쫓겨나는 것을 장발장이 보고 있었는데, 자베르 때문에 가야 돼서 반장한테 처리하라고 했거든. 판틴은 쫓겨나고 떠돌 아다니다가 이빨 뽑아서 팔고 몸도 팔잖아."

"코제트라는 딸에게 돈을 보내기 위해서 그런 거잖아. 생 이빨을 윽."

"응. 반장이 판틴을 좋아했었는데 애가 있다는 걸 알고 모욕하고 쫓아 내지."

'애가 있다는 걸 알고'를 말할 때 딸과 내가 동시에 말했다.

"그 남자 쓰레기야. 판틴을 강간하려고 하는데 판틴이 남자 뺨을 때 려. 그 남자 옷이 찢어지나? 얼굴에 상처가 나든가? 암튼 그래서 자베르 가 판틴을 잡아가려고 하는데 장발장이 나타나지. '이 여자가 딱한 사정 이 있는 것 같으니 봐 줍시다.' 하면서 판틴을 병원에 데려가. 그 뒤에 장 발장이 법정에 서서 '내가 장발장이다.'라고 말하고 '병원으로 나를 찾 아와.' 라고 말하고 판틴의 임종을 지켜. 그때 판틴이 딸 코제트를 장발 장에게 부탁하지. 장발장이 '코제트를 내가 남 부럽지 않게 키우겠다.'고 약속해."

딸은 흥분하며 말했다.

"코제트를 데리고 있던 부부. 생각나 그 부부 이상해. 사기꾼이야."

내가 말했다. 그 부부 생각만 해도 기분이 나빠졌다.

"맞아. 장발장은 그 부부한테 많은 돈을 주고 코제트 데리고 자베르에 게 잡히기 전에 도망치지. 코제트를 숨어서 키워."

"자신이 가지고 있던 부와 명예를 다 버리고?"

"응. 그러던 중에 코제트가 사랑에 빠져. 그 남자 이름 뭐지? 어. 어. 기억이 안나. 누구지? 네 글자였는데….."

"찾아보자. 잠시만… 마리우스?"

"맞아. 마리우스. 그 뭐지? 혁명의 노래 부르잖아. '나나 나나 나나나' 혁명 중에 자베르가 죽게 되었는데 장발장이 구해 주지. 자베르는 장발장의 그런 행동을 이해할 수 없었지. 왜 자신을 구해 주는지. 코제트를 지금까지 돌보고 있는지. 한 번 도둑은 영원한 도둑이라는 자신의 가치관에 혼란을 느끼게 되고 결국 자살해. 자베르라는 캐릭터의 매력 중에 하나가 그런 것 같아."

"내가 그동안 무엇을 위해 살았나! 자괴감이 들고 괴로워. 그거?"

"응. 자베르라는 캐릭터의 매력이 '아니야. 그래도 내 정의가 옳을 거야.'라고 생각했던 가치관이 장발장의 삶을 보면서 바뀌었지. 그것을 깨닫고 나서 혼란한 가운데 내가 지금까지 믿고 있던 정의가 정의가 아니라는 것을 깨닫게 돼. 자신의 목숨을 스스로 끊은 것은 그 정의를 자신의 목숨보다 더 소중히 여겼다는 것을 의미해."

"오, 사실은 알았지만 인정하기는 싫은 거네?"

내가 물었다.

"아니. 인정했지. 그 뒤에 몰려올 후폭풍을 감당할 자신이 없었던 사람이야. 나약한 사람이지."

"후폭풍이라 내부적인 거야? 외부적인 거야?"

"내부적인 것. 무슨 이야기냐면 자베르는 내 의지대로 산 것이 아니라 내가 만들어 낸 허상의 정의대로 살아 왔던 거야. 그것이 없다는 것을 알게 되니까 그 정의를 빼면 자신이 허상처럼 느껴지는 거지. 빈 몸뚱이에 파도가 몰려오니까 견딜 힘이 없어서 자살한 거지."

"아하. 그렇구나. 딸은 영화를 보면서 그런 깊은 깨달음을 얻은 거야? 와우! 탁월하다. 놀라운 걸. 또 뭘 느꼈어?"

"세상에 절대 선도 없고 절대 악도 없다."

"어떤 면이 그렇지? 딸은 어떻게 그런 깨달음을 얻었니?"

"장발장이 빵을 훔친 건 굶고 있는 조카들을 위한 거였어. 장발장이 탈옥을 시도한 건 조카들에게 자신을 빼고는 도와줄 사람이 없었기 때문이고."

"으응."

나는 가슴이 찡해왔다.

"판틴이 매춘을 하게 된 것은 딸을 먹여 살리기 위해서야."

세상에 진정한 선도 없고 진정한 악도 없다는 딸의 이야기를 들으니 《작은 영혼과 해》라는 동화책이 생각난다. 용서를 경험하고 싶은 천사를 위해서 다른 천사가 검은 천의 옷을 입고 세상에 온다. 용서를 경험하고 싶다는 천사를 위해 자신이 악역을 담당한다. 결국 용서하는 천사도 용서받는 천사도 다 천사였던 것이다.

252

5

이름은 자신의 자아야

"〈센과 치히로의 행방불명〉은 숨겨진 내용이 많아. '센과 치히로' 하나의 인물이잖아. '치히로'라는 이름으로 '센'을 만들었어."

숨겨진 내용이 많다는 딸의 말에 호기심 발동이다.

"맞아. '치히로'에서 일부의 글씨를 날려 버리지."

"글씨를 날려 버렸나? 암튼 엄마, 이름은 자신의 자아야."

이름은 자신의 자아라는 말에 나는 오! 하고 아주 길게 감탄했다.

"이름을 빼앗아서 그 사람을 지배한다. 그런 느낌이야."

"다른 이름으로 바꾼다는 것이 자아를 빼앗아서 사람을 조종한다? 그렇게 심오하게 해석이 되니?"

내 입이 오백원 짜리 동전 모양이 되었다.

"응. 그렇게 돼."

"딸 생각이니?"

"아니. 지브리 팬들끼리 SNS에서 많이 이야기해. 나 나나나 나나…."

딸은 말끝에 '나나' 하면서 캐롤을 흥얼거렸다.

"또 이야기 해줘. 흥미진진하다. 그래서?"

"누가 SNS에 호빵 먹는 동영상 올렸어. 나도 호빵 먹고 싶다. 엄마. 그래서 치히로는 결국 자신의 자아를 찾았기 때문에 탈출할 수 있었지. '니기하야미 코하쿠누시' 하쿠의 원래 이름이야. 하쿠의 원래 이름을 찾아준 것이 치히로였지."

"하쿠의 원래 이름? '니기' 뭐라구? 그 긴 걸 어떻게 다 외워?"

"잘생겼잖아."

"하하하. 그렇지 잘 생겼지. 잘 생겼으면 이름이 아무리 길어도 외운다. 니, 기, 하, 야, 미, 코, 하, 누, 시? 이름이 열 글자야. 잘생겨서 다 외웠데. 하하하. 웃겨서 눈물 나. 치히로가 어떻게 하쿠의 이름을 알려 줬지?"

"기억해 냈어. 치히로가 어렸을 때 강에서 신발을 잃어 버렸지. 하쿠가 등에 태우고 신발을 찾아 주었던 것을 기억해 낸 거야."

"아하. 그 개천인가 강 이름이었지?"

"응. 영화 뒤에 이야기가 더 있다고 해. 치히로와 하쿠가 신들의 세계에 대해서 잊어버리고 살아. 어느 날 하쿠가 살던 강이 없어지고 아파트가 들어서거든. 아파트를 걸어가다가 익숙한 느낌에 발아래를 내려다보니까 물줄기가 보여. 그걸 보고 치히로가 '하쿠'를 외치고 끝난데."

"애니메이션 마지막 부분이 그렇게 끝나나?"

"마지막 부분이 잘렸네. 원래 치히로가 세상으로 돌아가서 학생이 되고 교복을 입어. 하쿠가 있었던 강에 아파트가 들어서는데 발아래 아스팔트 사이로 물줄기가 보이고 그걸 보고 '하쿠'를 외치고 끝나지."

"그렇구나. 애니메이션에서 부모님은 왜 돼지가 되지?"

"신들의 음식을 먹었기 때문이지."

"거기가 신들의 세상이었구나! 부모님만 먹었고 치히로는 안 먹었구나!"

"그 영화 배경이 좀… 막… 그렇게 보이잖아. 배경 자체가 술집에 여관 같은 곳이잖아. 사실은 노름판이었다는 말이 나와서 어린이들이 보기에는 좋지 않다는 말이 있지. 유흥업소에다가 여자들이 기생이다. 그런 말."

"그 말을 듣고 보니 그렇다. 어린이들이 보기에는 좋지 않을 수 있겠다."

"유흥업소에서 센이 일을 했다. 엄마! 센은 어린아이인데."

"아하. 그러고 보니 거기 유흥업소구나. 엄마는 몰랐던 것을 딸과 대화하면서 많이 알게 되네. 목욕하고 술도 먹고 기생 같은 여자도 있고."

"유바바가 말하잖아. 여기는 신들이 쉬어가는 곳이라고. 지브리답지 않았어. 유바바를 통해서 신들이 머무는 그곳을 풍자하려는 시도는 좋았지만 결국에는 러브 스토리에 가려서 보이지 않았거든."

"어머, 러브 스토리."

러브 스토리라는 말에 나의 말이 부드러워졌다.

"중간중간에 은근슬쩍 넣어 놓은 풍자는 좋았는데 약간 그런 거 있잖아. 유바바가 말하면서…"

255

"흐흐. 유바바 애기 생각나서 웃음이 나온다."

"맞아. 보. 걔 귀여워."

"귀여워? 그래 귀엽지. 아주 귀여워. 그런데 괴물이야. 매일 울고 먹기만 해. 힘도 엄청 세. 걔 생쥐로 만들었지? 하하하."

"뽀. 만날 먹고 울기만 해. 그래도 귀엽지?"

"귀여워. 암 귀엽고말고. 가오나시는 뭐로 나왔지?"

"요괴. 초대받지 못한 손님이야."

"아. 그래서 정문으로 못 들어왔구나."

"센이 문을 열어 줘서 엄청 혼났잖아."

"가오나시는 이런 말만 해. '아, 아?' 대사가 없어. 하하하."

"맞아. 성우가 누구였을까? '아'만 하는 성우가 있었을까? 더빙 어떻게 했을까 궁금하다."

"하하하. 이것저것 다 먹어 치워서 괴물됐어. 개구리를 삼켜 버려서 개구리 말하고. 그런 캐릭터를 만들어 내다니 지브리 스튜디오는 정말 대단해."

"가오나시는 카오(カオ) 나시(ナシ) 즉, 얼굴이 없다는 뜻이야."

"아. 그래? 가오나시가 그런 뜻이구나! 그리고 그거 뭐지? 진흙 신인가? 줄줄 흘러내리는… 너무 더럽다고 못 들어오게 했었나?"

"강의 신이야. 아닐걸. 대신 센한테 '네가 해라.' 그랬지."

"엄청 지저분했잖아. 목욕탕 물도 더러워지고 몸에서 자전거 나왔나?"

"응. 그거 센이 주체가 돼서 빼 줬어. '당겨. 당겨 했지'."

"히야. 참 스토리와 인물들이 독특해. 물의 종류가 적힌 나무 조각을 올려 보내면 그걸 보고 목욕탕에 물을 보내 주고. 어쩜 그렇게 창의적일까?"

"그런데 지브리는 사회에 대한 풍자를 많이 해. 강의 신 몸에서 쓰레기 나오고 자전거 나오는 게 환경 파괴에 대한 메시지잖아. 또 기억이 잘 안 나는데 그런 풍자를 하는 영화에서 유흥업소를 배경으로 했다? 그건 좀 그래."

"아… 그렇게 깊은 뜻이 있구나! 딸의 영화 보는 안목에 엄마가 놀란 다. 그 목욕탕 물 데우는 할아버지 재미있어."

"거미 할아버지. 팔이 여섯 개야. 만날 불을 때지!"

"불을 열심히 때지. 그리고 마쿠로크로스케들! 눈만 빼꼼한 먼지들. 너 무 귀여워. 언젠가 지브리 스튜디오 박람회 가서 인형 사 왔었는데. 그치?"

"응. 줄 잡아 당겼다가 놓으면 부르르 떨었잖아. 기억나. 숯 검댕들. 그 거 엄청 비쌌다. 〈센과 치히로의 행방불명〉 아빠하고 연예할 때 보러 갔 었어. 엄마가 한번 이야기했었지? 영화관 안에 연인은 우리 둘뿐이고 다 엄마하고 유치원 정도 아이들만 왔더라."

"어색했겠다."

"어. 영화관에 들어가서 주위를 둘러보고는 조금 당황했지. 애들이 보 는 건가? 그런데 막상 보니까 너무 재미있는 거야. 너희 크고 다운받아서 집에서 봤지. 한 삼 년 전인가? 영화관에서 재개봉해서 또 보러 갔었지. 똑같더라 하나도 안 틀리고 그런데 또 봐도 재미있더라. 하쿠 멋있었어. 하쿠가 흰 용인가?"

"신이라기보다는 수호신 같은? 일본에는 여러 신이 있어. 여러 신들

중에 하나라고 보면 돼. 그럴 수밖에 없는 게 일본은 섬나라잖아. 지진도 많고 태풍도 자주 일어나지. 바다로 둘러쌓여 있기 때문에 농사도 잘 안 되고 농사를 지었다고 해도 자연재해로 인해서 피해가 많았지. 그렇다 보니 자신과 자연을 지켜주는 절대자인 신을 섬기게 된 거야. 그래서 여러 종류의 신들이 많아."

"그래 신들이 많다고 하더라. 일본에서 '예수님 믿고 천국 가세요.' 그러면 아무 의심이나 거부감 없이 '네.' 그런데. 하도 신이 다양하니까 그냥 그런 신이 있나 보다 한다네."

"맞아. 모든 걸 다 잃어도 신사 하나만 남아 있으면 그걸 중심으로 문제를 해결해 나가는 사람들이 일본인이야."

"그래. 그럴 수 있겠다. 그거 생각난다. 딸. 그거 뭐지? 우리 대마도 갔을 때 물속에 세워서 물 밖에까지 나와 있는 문처럼 생긴 기둥? 이라고 해야 하나?"

"도리이*."

"도리이? 말만하면 이름이 술술 나오네. 상식이 풍부한 딸일세. 신기했

* 도리이는 전통적인 일본의 문으로 일반적으로 신사의 입구에서 발견된다. 도리이의 기본적인 구조는 두 개의 기둥이 서 있고 기둥 꼭대기를 서로 연결하는 가사기로 불리는 가로대가 놓여 있는 형태이다. 제일 위에 있는 가로대의 약간 밑에 있는 두 번째 가로대는 누키라 부른다. 도리이는 전통적으로 나무로 만들어져 있고 대개 주홍색으로 칠한다. 오늘날의 도리이는 돌이나 금속, 스테인리스강으로 만들어지기도 한다. 도리이는 불경한 곳(일반적인 세계)과 신성한 곳(신사)을 구분짓는 경계이다. 이나리 신사는 대체적으로 많은 도리이를 갖고 있다. 성공한 사람들은 종종 감사하는 의미로 도리이를 기부한다.

위키백과. 〈도리이〉

던 것이 물속에 세워서 물 밖에까지 연결되어 있다는 거야. 대부분 신을 섬기는 제단 상징물은 거대한 단상 위에 있는데 일본은 물속에 있을까?"

"도리이는 엄마. 그건 신을 모시는 신전이나 상징물이 아니야. 일종의 문이야. 물속에 있는 신이 왕래하는 문."

"아하. 문이라고. 전 세계적으로 물속에 신이 드나드는 문이 있는 나라가 있을까 싶다."

"아무래도 일본은 섬나라이다 보니 물고기를 잡아서 생계를 유지하는 비율이 높았겠지. 그래서 바다의 신을 소중히 생각했겠지."

"그럴 수 있겠다."

"일본 신에 대해서 종교적으로가 아니라 그리스 로마 신화 같은 시선으로 읽어 보면 재미있어. 어떤 신은 심술이 많아서 사람들에게 저주를 내리고 어떤 신은 성격이 이상해서 사람들을 괴롭히고 그걸 보고 좋아해. 어떤 신은 요괴 출신이야. 지나가던 수도승이 요괴를 쓰러뜨리고 그 요괴를 그 지역에 수호신으로 세운 이야기도 있어. 요괴였기 때문에 성격이 이상해."

"아. 그래서 일본에 요괴와 관련된 애니메이션이 많구나! 〈이누야샤〉 엄청 재미있었는데."

"응. 일본은 정말 그 나라 자체가 마법이라고 할 수 있을 정도야."

일본에 있는 대학에 진학하고 싶다는 아이답게 일본에 대한 상식이 풍부하다. 스튜디오 지브리 애니메이션은 환경 파괴와 같은 메시지를 담는다? 히야. 지브리 스튜디오도 또 그걸 알고 있는 우리 딸도 탁월하다.

6

나를 위한 시간을 가져야 한다는 뜻이니?

"오늘 학교에서 〈원더〉봤어."

"엄마도 봤는데 〈원더〉가 기적이라는 뜻인가? 원제목이 '당신에게 필요한 용기 〈원더〉'라고 되어 있다."

"응. 주인공이 '어기'인데 선천적 얼굴 기형으로 태어났고 성형수술을 스물일곱 번인가 했지."

"스물일곱 번이나? 맙소사. 엄마가 물리학자였나?"

"논문 하나만 더 내면 박사인가? 그런데 '어기'가 태어나면서 그만두었지."

"'어기'를 위해서 많은 것을 포기했고 '어기' 누나 '비아'도 그래. '비아'도 완벽하고 흠잡을 때 없어 보이는데."

"'비하?' 아니고 '비아'야? '올리비아'할 때 그 '비아'?"

"아하. '올리비아' 하니까. 만화에 나오는 돼지 생각난다. 빨간색이나 화려한 양말을 주로 신고 고개를 빳빳하게 들고 당당하게 걷는 돼지."

"엄청 귀엽지. '비아'는 자기 집에 생긴 문제 때문에 힘들어하지만 잘 참아 내. 그 집에는 '어기'라는 큰 문제가 있잖아. 그 아이로 인해서 가족들이 모두 힘들어 하고 있어."

"아픈 동생 때문에."

"아픈 동생은 아니야. 장애는 아픈 게 아니거든. 남들과 다른 외모를 가진 동생 때문이 아니고 동생을 보는 사람들의 시선 때문에 가족들이 힘들어 하고 있어. 비아는 그걸 알기 때문에 참아."

"힘들다고 말하지 않고 참는다는 거지?"

"응. 말 안하고 꾹 참지. 비아는 학교에서 문제 일으키기 싫어서 공부를 열심히 하지. 노는 애들하고 잘 안 어울려 다녀."

"일부러 그러는 거지? 부모님이 힘들어 하시니까. 비아는 부모님에게 걱정을 끼치지 않으려고 공부도 잘하고 힘든 내색도 안 하고 참는 거잖아. 갑자기 눈물 난다. 엄마도 그랬거든. 그것이 비아에게 엄청난 상처가 될 텐데."

"그래서 비아는 부모님의 사랑을 항상 목말라 해. 그런데 티를 안내. 너무 일찍 성숙해버린 애야."

"원래 집안에 문제가 있으면 애들이 무의식적으로 또 의식적으로 참아. 특히 첫째들은."

261

"그런 글 본 적 있어. 너무 일찍 커 버린 애를 보고 칭찬할 것이 아니라 그것은 가정의 문제 특히나 부모의 문제라고."

"맞아. 엄마가 그렇잖아. 첫째 딸에 집이 가난하고 아버지가 장애인되고 그런 상황을 참고 살다 보니 조기 성숙해 버린 거지. 애늙은이처럼."

"엄마도 그랬구나. 맞아."

"그래서 '어기'는 집에서 엄마가 가르치다가 왜 학교에 가게 되지?"

"5학년이 되었고 이미 학교에 갈 나이니까. 엄마가 그동안 집에서 아이를 가르쳤는데 친구도 필요하고 하니까. 학교에 가면서 헬멧을 벗지."

"생각난다. 학교 정문에서 헬멧 벗는 것을 도와주지. 엄마가 했던 대사가 인상 깊었는데 '네가 있는 곳이 마음에 들지 않으면 네가 있고 싶은 장소를 상상해 보렴.' 맞나? 멋진 대사야. 학교에 입학하기 전에 친구 세 명을 먼저 소개받는데 걔들이랑 잘 어울리지 못했지? 아마? 남자 친구 한 명을 사귀는데 어떻게 사귀지?"

"친구가 먼저 다가갔어. 누구지? 잭인가? 혼자 먹고 있는 어기에게 다가가서 말을 걸어. 그 누구지 부잣집 남자애. 걔 짜증나."

"부잣집 남자애 짜증나?"

"걔는 자기가 하는 짓이 잘못된 행동이라는 사실을 알아. 그런데도 하는 거야. 재미있으니까. 어기를 막 놀려. 얼굴을 보고 괴물 같다고 하면서 놀려. 어기 땋은 머리 있지? 그게 이상하다고 놀려서 누나 방에 들어가서 가위로 반을 자르고 나와. 어기 누나도 힘들 거야. 절친이었던 미란다한테 배신당하니까. 그런데도 자기 방에 있는 사진을 뗄 수가 없어. 떼면 무슨 일 있냐고 부모님이 물어볼 거 아니야. 그래서 떼지도 못해."

"아하. 친구와 찍은 사진. 못 떼는구나! 자신의 감정에 솔직하지 못하구나! 속상해라."

"어기라는 존재를 집에서부터 가두고 있었어. 어기를 중심으로 모두가 돌아갔잖아."

"그렇게 하면 안 돼? 그럼 어떻게 해야 해?"

"어기가 태양이고 나머지 가족들이 모두 행성이라고 나왔잖아. 그게 좋은 의미로 나왔는데 그렇게 하면 안 돼. 가정에는 물론 부모 자식 간의 예의는 있지만 태양 같은 절대적인 무엇인가가 존재하면 안 돼."

"그럼 수빈이가 그런 상황이면 어떻게 할 건데?"

"어기를 중심으로 움직이면 안 돼. 어기가 수술을 하거나 생활에서 도움을 필요로 한다면 옆에 있어 줘야겠지. 대신 100% 어기만 바라보면 안 된다는 거지. 어기는 물론이고 가족에게도 좋지 않아."

"그게 가능해? 현실적으로?"

"그러니까. 어기가 학교에 간 거잖아. 어기가 학교에 간 뒤에 엄마는 무엇을 했는지 알아? 학위를 딸 수 있는 논문을 복구할 수 있는 곳에 찾아갔어. 엄마는 자신의 꿈을 향해 달려가고 있었어. 어기는 학교로 엄마는 엄마의 일로."

"그렇구나! 영화에서 어기네 집이 굉장히 부자야. 부자니까 어기 수술도 시켜 주고 그만큼 할 수 있지 않았을까 싶어. 만약 부자가 아니라면 수술비 하고 생활은 어떻게 했을까?"

"만약에 가난한데 어기 같은 아이가 태어나면 그 아이를 중심으로 가정이 돌아갈 수밖에 없어. 하지만 명심해야 돼. 99%는 그 아이를 위해서 돌아가도 1%라도 자기 시간이 있어야 돼. 개한테 100% 시간을 다 주면 안 돼. 그럼 가족이 모두 불행해져."

"와. 딸은 어떻게 그런 걸 알아? 대단하다. 그럼 어떻게 하면 좋을까?"

"애는 부모한테 많은 의지를 해. 그때 부모가 무너지면 애도 무너져."

"무너진다는 것이 뭐지?"

"하다가 하다가 힘들면 다 놓고 싶잖아. 너도 죽고 나도 죽자 그런 극단적인 선택을 할 수도 있고."

"그러면 매일 나를 위한 시간을 가져야 한다는 이야기인가?"

"한 달에 한 번이라도 자신의 시간을 가져야지. 그림 그리는 걸 좋아하면 그림을 그리고, 운동을 좋아하면 운동하면 돼. 한 달에 한 번 30분이라도."

"한 달에 한 번 30분 내가 좋아하는 걸 해서 행복해질 수 있을까? 엄마는 부족하다고 보는데?"

"그치. 부족하지. 현실적으로 하루에 30분 가능하면 하고. 일주일에 30분 가능하면 그렇게 하는 거지. 그냥 내가 가진 여건 속에서 내가 할 수 있는 것들을 하면 돼. 아무리 집안에 도움이 필요한 아이가 있다고 해도."

딸이 일목요연하게 말했다.

"수빈이 말이 맞는 것 같아. 어떻게 그런 걸 알았어?"

"그건 당연한 거 아니야?"

"그게 당연하다고? 수빈이 나이에 집안에 도움이 필요한 아이가 있다고 해도 내가 좋아하는 것을 하고 나 자신을 위한 시간을 가져야 행복하다는 것을 아는 사람이 몇 명이나 될까? 엄마는 당연하지 않은데? 어떻게 그런 생각을 하게 되었지?"

"몰라."

몰라 라고 하면서 딸은 손을 내저었다. 그러고는 말을 이어갔다.

"할로윈 데이라서 어기가 분장하고 교실에 들어가지. 어기는 자신의 얼굴을 가릴 수 있는 할로윈 데이가 신났던 거야. 잭이 '내가 그 얼굴이라면 평생 가면을 쓸 걸.'이라는 말을 해. 그걸 '어기'가 듣고 크게 실망하지. 그래서 혼자가 되는데, 혼자가 되던 어느 날 친구가 게임 상에서 사과를 해. 미란다네 집은 아버지가 다른 여자하고 결혼해서 신혼여행을 떠나고 어머니는 그 충격으로 알코올 중독이 돼서 집안이 어수선하지. 미란다가 보기에 비아는 집도 잘 살고 행복해 보인 거야. 그래서 어느 모임에서 자신이 마치 비아인 듯 비아의 배경을 자신이라고 속여서 소개하지. 미란다가 마치 자신이 비아인 것처럼 말하고 다녀. 비아에게도 그렇고 모임 사람들한테도 미안한 마음이 들고 죄책감을 지니게 되고 그래서 미란다가 비아에게 이유 없이 퉁명스럽게 대하게 되지. 사실은 죄책감 때문에 날카로워진 상태인데. 나중에 그걸 다 이야기하고 다시 친해지지 않나? 〈원더〉라는 영화가 사회적 소수자의 삶을 보여 준 것 같아. 외모지상주의 같은. 그 부잣집 아들 부모님이 어기를 사진에서 지우는데 그걸 학교에 붙이지. 나중에 그 애가 퇴학당하나? 다른 학교로

265

전학가든가 그런 것 같아. 돈이 많으니까. 만약 내가 그 학교 아이라도 어기에게 친구로 접근하기는 쉽지 않을 것 같아. 만약에 다리를 절룩거리거나 손을 사용하지 못한다고 하면 불쌍하게 여기는 마음이 있을 텐데. 어기처럼 얼굴이 그러면 솔직하게 가까이 가기가 두려울 것 같아. 세상에는 장애인보다 비장애인이 훨씬 많잖아. 어디서 봤는데 장애인은 그들에게 주는 과도한 배려나 눈에 빤히 보이는 혐오 때문에 지친데. 휠체어를 타고 가는 장애인을 도와준다는 생각에 그냥 밀면 전동 휠체어의 경우에는 고장날 수도 있어. 가방에서 휴대폰을 찾고 있는데 모르는 사람이 와서 도와주지 않잖아. 그거하고 똑같아. 상대방이 도움이 필요한지 정중하게 물어봐야지."

"그렇지. 도움이 필요한지 물어봐야지."

자기 자신을 위한 시간을 내야 한다는 딸의 생각이 놀랍고 또 감사하다. 자신을 돌보지 못하는 어른들이 많은데 말이다. 아니 자신을 돌보아야 하고 자신을 위한 시간을 가져야 한다는 것도 모른 채 그냥 사는 사람들이 대부분인지도 모르겠다. 돌보지 못하니 술을 마시거나 먹는 것으로 스트레스를 푸는 것 같다. 수빈이는 자신을 돌볼 줄 아는 사람으로 잘 자라고 있네. 자신을 돌볼 줄 아는 사람이 타인도 돌볼 줄 안다. 수빈아. 잘 자라고 있네. 기특한 내 딸.

아이의 때가 되면….

"딸, 요즘 말이야. 행복 최고 점수가 10이라고 했을 때 너의 행복 지수 는 얼마니?"

"학교 때문에 바닥이지. 1?"

"1? 학교가 얼마니 싫으면 질문하자마자 학교 때문에 1이라고 할까? 요즘 방학이니까 학교 빼고 생각해 봐."

"한… 5에서 6정도?"

"학교 빼니까 점수가 확 올라가네. 학교가 그렇게 싫으면 자퇴해야겠 다."

내 말에 딸은 대답이 없다. 내 대답이 만족스러워서일까? 자퇴하고 싶 을 만큼 학교가 싫다는 딸의 마음을 읽어 주었으니 다행이다. 실제로 중학교 1학년의 어느 날 남편과 함께 자퇴 상담을 했다. 친구를 경쟁 상대로만 보는 중학교가 너무 싫다고 했기 때문이다. 담임 선생님이 말했다.

"아이가 힘들다고 해서 자퇴 상담을 요청하신 부모님은 흔치 않아요. 생각이 열리신 분이시네요. 자퇴를 한다는 것은 엄청난 용기가 필요해요. 자퇴했다가 혹시 아이가 다시 학교로 돌아오고 싶을 때 올 수 있도록 하는 것이 좋아요. 1학기를 마치고 하는 것을 권해 드려요."

자퇴에 엄청난 용기가 필요하다는 말이 머릿속에 남았다. 자퇴 상담 후에 목에 가시가 걸린 듯 불편함과 불안함이 몰려왔다. 남편과 함께 대안학교를 알아보았고 자퇴에 대해서 딸과 이야기도 했다.

막상 대안학교를 보내자니 여러 가지가 마음에 걸렸다. 중학생인데 우리와 떨어져 기숙사 생활을 해야 한다. 입학금이 오백만 원에서 이천만 원까지 다양하다. 수업료도 한 달 평균 백만 원 내외였다. 한숨이 절로 나왔다. 어느 날 딸은 이렇게 말했다.

"엄마. 나 자퇴하고 검정고시 보면 나중에 이력서에 검정고시라고 써야 되는 거 아니야? 그럼 취업하는데 좀 그런데… 나 그냥 학교 더 다녀 볼 게."

지금 학교를 더 다녀보겠다고 하니 안도의 한숨을 쉬었다.

부모라면 누구나 자식이 나보다 행복한 삶을 살길 바랄 것이다.

"공부해. 이번 시험 평균 95점 넘으면 10만 원 줄 게. 스마트폰 바꿔 줄 게. 외식하자."라고 말하는 건 사실 "엄마는 너를 사랑해. 넌 정말 소중해. 너는 엄마보다 행복하게 살았으면 좋겠어. 행복하게 살려면 지금하는 공부가 중요하단다."라는 의미일 것이다. 하지만 사춘기 아이에게 그런 엄마의 속마음을 전달하기란 아랍어를 배우는 것만큼 어렵다. 좋은 의도로 대화를 시작했다가도 아이가 '몰라. 싫어. 귀찮아. 짜증나.'라며 성의 없는 태도로 말하기 때문이다. 좋은 의도로 대화를 시도했지만 아이와 다투고 만다. "어휴, 엄마도 몰라. 네가 알아서 해. 뭐 말을 좀 하려고 하면 짜증부터 내니? 아유. 성질나 진짜." 하며 대화가 끝난다. 나 역시 그런 시절이 있었다. 지금도 가끔 그렇다. 아이 잘되라는 소리가 사실 아이에게는 잔소리로 들린다.

어딘가에서 읽었는데 잔소리의 정의가 '맞는 말을 기분 나쁘게 하는 것'이라고 한다. 누가 정의 내렸을까? 아주 적절하다. 사춘기 아이를 키울 때는 절대로 맞는 말, 바른 말을 하면 안된다. 그 동안 수도 없이 들어왔기 때문에 아이들이 다 안다. 아는 이야기를 부모가 또 시작하니 짜증이 욱하고 올라오는 것이다.

'질풍노도'의 시기인 딸을 이해하려 강의를 듣고 책을 읽었다. 사춘기를 먼저 겪은 부모들을 찾아가 깊은 대화를 했다. 속상함에 펑펑 울며 기도하기도 했다. 그러면서 나의 수용 선이 조금씩 넓어졌다.

딸을 바라보면 딸이 보였다. 집에와서 스마트 폰만 보며 혼자 낄낄 거리는 딸. 라면, 피자, 햄버거등 기름진 것만 먹으려는 딸. 대화를 하려고 하면 "아. 몰라. 짜증나. 싫어, 안해."라고 해서 속에서 화 덩어리가 용솟음

쳐 올랐다. "내 말 안들을 꺼면 나가."라는 말이 혀 끝까지 올라왔지만 그럴수 없었다. 나가라고 하면 정말 집을 나갈수 있는 나이이기 때문이다.

내가 정한 사춘기를 보내는 기준인 '남에게 피해가 가거나 생명에 지장을 주거나 도덕적으로 문제가 되지 않는다면 딸이 원하는 대로 해주기' 위해서는 나의 성장이 필요했다. 딸을 바라보는 대신 나를 들여다 보았다. 독서, 글쓰기, 강의듣기, 예배, 먼저 아이를 키워본 분들의 조언을 듣는 것으로. 덕분에 딸은 우리 부부에게 자신의 상황과 감정을 솔직하게 말하는 것 같다.

딸 혼자 부산에 보내고 긴 머리를 애쉬블루로 손수 염색해 주는 좀 특이한? 엄마로 말이다. 주위 엄마들은 이렇게 말한다.

"여자애를 혼자 어떻게 부산 보내? 세상이 얼마나 무서운데?"

처음 서울에 보낼 때 나도 그랬다. '딸이 진정으로 원하는 것이니 존중해 주자.'라고 했다가 '요즘 이상한 범죄가 많은데 괜찮을까?' 내 마음이 이랬다저랬다 했다. 불안한 마음에 함께 가는 친구 이름, 사는 곳, 연락처까지 모두 받아 두기도 했다.

그 후로 딸은 혼자서도 서울, 부산을 잘 다닌다. 경험이 축적되니 요즘은 이렇게 말한다.

"화장실 범죄가 많으니까 화장실 갈 때는 사람 많은 곳을 이용하고 무슨 일 있으면 경찰서 가서 도움을 요청해. 그럼 엄마나 아빠한테 전화가 올 거니까. 수빈이는 키가 크니까 고등학생이나 대학생으로 볼 수 있어.

기죽지 말고 누가 뭐 물어보면 대답하지 마. 말하면 나이 어린 거 표시 나니까."

"엄마. 나 이어폰 끼고 음악 들으면서 가니까 다른 사람이랑 말 안 해. 그리고 이상한 놈 만나면 거시기를 발로 확 차 버릴 거야."

"하하하. 역시 내 딸 답네."

수빈이는 애쉬블루로 염색한지 한 달 만에 단발로 잘랐다.

"머리를 자른다고? 벌써? 개학하기 전에 자르지 그러니? 아깝지 않아?"

"그냥 자를래." 그러더니 미용실에 간지 4시간 뒤에 집에 왔다. 딸은 찰랑거리는 머리카락을 손가락으로 빗어 내리며 말했다.

"엄마. 나 볼륨 매직했다. 한울이 머리 자르고 나 볼륨 매직하고 8만 8천원 나왔어."

"뭐? 8만 8천 원? 엄마는 그런 돈 주고 머리 한 적이 없는데…."

맙소사. 카드를 주고 둘이 미용실 다녀 오라고 했더니 나지막한 목소리로 말했다.

"하. 딸은 돈이 많이 든다. 돈이 많이 들어."

딸은 '히히' 웃어 넘겼다. 글을 쓰고 있는 지금으로부터 약 한 달 전 딸은 "엄마. 나 숏컷으로 머리 자르고 싶어."라고 했고 단번에 확 잘라서 주위 사람들을 놀라게 했다.

어느 날, 해외 직구로 산 마후마후의 앨범을 친구에게 팔았다고 했다.

271

"독서대 위에서 마치 자랑스러운 상장처럼 있던 앨범을 팔다니 이건 또 무슨 일이지?"

"나 탈덕오타쿠 생활에서 벗어남했어. 돈 모아서 코스프레 의상 사려고."라고 한다. 그 말을 듣고 혼자 씩 웃었다. 한쪽 입가에 히얀 이가 드리나도록 말이다. '때가 되었구나! 우리 딸 잘 자라고 있네.' 때가 되면 자연스럽게 노란 머리도 자르고 최고 애장하는 앨범도 정리한다. 아이의 때가 되면 말이다.